> 파이팅혼공TV와 함께
> 『합격의 지름길을 찾아갑시다!』
> **자격증 초단기 합격 전문 유튜브 채널**
>
> 유튜브 검색창에 〈조경기능사 필기〉 또는 〈파이팅혼공TV〉를 입력하시면
> 바로 강의와 함께 공부하실 수 있습니다.

　〈파이팅혼공TV〉는 조경기능사(Craftsman Landscape Architecture)를 비롯하여 산림기능사, 전기기능사, 위험물기능사, 위험물 산업기사, 산업안전기사 등 각종 중장비 기능사, 산업안전기사, 산업기사 정기시험 종목들과 기능사 상시시험 종목인 굴착기 기능사, 지게차 기능사, 조리기능사, 제과제빵 기능사, 미용 기능사 필기를 비롯하여 화물 운송 자격시험 및 택시, 버스운송자격시험, 보트 일반조종면허, 드론 조종면허, 요양보호사, 공인중개사 시험에 이르기까지 다양한 자격증의 초단기 합격을 위한 몰입형 학습 컨텐츠(스피드 암기노트 시리즈) 영상 제작에 집중하고 있습니다.

　이론적 전문성보다는 실기 기능에 중점을 둔 자격증의 경우 필기시험 준비를 위해 많은 시간과 돈을 들이는 것은 비효율적입니다. 하지만 이 정도쯤이야 하고 교재를 펼쳤다가 생각보다 전문적인 용어와 내용들에 깜짝 놀라시는 경우가 많습니다.

　예전 기출문제에서 순환 출제되는 문제은행식 출제 유형의 시험에서는 이론을 순서대로 이해하며 공부해가는 연구자 모드 공부법보다 핵심 내용을 암기 팁을 활용하여 정답을 빠르게 찾아내는 쪽집게식 공부법이 효과적입니다. 파이팅혼공TV는 방대한 분량의 기출문제 데이터를 분석하여 출제가 예상되는 핵심 내용만 엄선하여 재미있고 효과적인 공부가 될 수 있도록 끊임없이 연구하고 있습니다.

　"선생님, 독해가 잘 안돼요." 하고 고민하는 학생에게 독해 지문에 나오는 영어 단어를 물어보면 전혀 단어 암기가 되어있지 않은 경우가 대부분입니다. 독해가 되지 않는다면 일단 단어의 뜻부터 암기해야 하듯이 생소한 분야는 일단 용어의 뜻부터 암기해야 문제가 풀린다는 당연한 사실을 상기해 보면서 여러분을 초단기 합격의 길로 안내하겠습니다.

　끝으로 본 교재가 나오기까지 애써주신 권희정 디자이너님과 홍현애 과장님, 그리고 인성재단 대표님께 진심으로 감사를 전합니다.

파이팅혼공TV
PD **혼공쌤**

파이팅혼공TV 혼공쌤의 초단기 합격 Tip

❶ 생소한 명칭 키워드부터 파악하자.

▶ 어디에 쓰이는 물건인고? 평소에 접해보지 않은 조경과 관련된 생소한 용어와 건축과 토목용어를 먼저 간략히 이해합니다. 사실 어려워 보이는 전문용어도 단어의 뜻을 알고 보면 영어를 한글 발음으로 옮겨 놓은 것에 불과한 쉬운 내용인 경우가 많습니다.

❷ <문제와 답> 암기만으로도 고득점이 가능

▶ 기능사 시험은 응용력을 테스트하는 시험이 아닌 과년도 기출문제에서 그대로 출제되는 문제은행식 출제방식으로 <문제와 답> 암기만으로도 고득점이 가능합니다.

❸ 답을 알아도 암기는 어렵죠?

▶ 유튜브 영상을 통해 몇 번 만 들으면 저절로 암기되는 마성(?)의 암기팁이 대량 녹아있는 스피드 암기노트 시리즈로 배경지식이 전혀 없는 일반인도 초단기 합격이 가능합니다.

❹ 한 문장이 한 문제다.

▶ 철저히 기출되었던 문제 중심으로 집필하여 교재의 한 문장 한 문장이 한 문제와 직결되도록 핵심내용만 요약 정리하였습니다. 굵은 글씨와 색으로 강조된 키워드만 빠르게 여러 번 반복해서 읽어보시는 방법도 추천드립니다.

❺ 문제에 답이 미리 표시되어 있는 이유!

▶ 우리의 뇌는 문제를 풀 때 내가 찍은 보기가 정답이 되어야하는 로직(logic)를 만들어 머리 속에 각인시킵니다. 그래서 모르는 문제에 많은 시간을 할애하여 나만의 로직을 만들어 풀었는데 틀리게 되면, 한번 틀린 문제는 계속해서 틀리게 됩니다. 오답노트를 만들거나 정답지문의 반복암기를 통해 머리 속에 남아 있는 먼저 입력된 로직을 깨부수지 않고는 쉽게 이러한 선입견이 사라지지 않습니다.

▶ 따라서 처음부터 무작정 문제형식으로 풀어보는 것 보다는 답이 표시되어 있는 문제와 답을 연결시켜 정답과 오답을 분리하여 이해하고 암기하는 것이 조경 기능사 시험과 같은 문제의 풀(pool)이 제한되어 있는 문제은행식 시험에 적합한 초단기 합격 비결이라 생각합니다.

❻ 혼자서 책만보지 마세요.

▶ 유튜브 채널 <파이팅혼공TV>의 조경기능사 필기 영상들을 교재와 같이 보시면 공부속도가 훨씬 빨라집니다. 하루에 4시간 정도만 투자하셔서 영상과 함께 공부하신다면 본 교재를 처음부터 끝까지 1회독하시는 효과가 있습니다. 1주일 동안 4시간씩 투자하셔서 7회독 정도하신다면 100% 합격점수 이상 획득하시리라 확신합니다.

유튜버 **파이팅혼공TV**

조경기능사
필기 초단기 합격

무료동영상 : NCS 기반 CBT 기출유형 문제포함

1. 기본 이론 한방에 정리
2. 빈출 모의고사 문제형 5회분
3. 기출 스피드 암기노트 1~10
4. 벼락치기 기출 스피드 문답암기 핵심노트

조경기능사 자격증은 오늘날 고도화된 산업화와 도시화로 인한 환경문제가 날로 심각해지면서, 건강한 자연환경과 더불어 공존하는 인간의 조화로운 삶을 위하여, 주거와 환경 문제를 해결하는 동시에 인간의 생활 공간을 아름답게 꾸미고 자연환경을 보호하는 전문 인력을 양성하고자 도입된 자격증입니다.

요즘은 자연과 조화시킨 친환경 건축을 선호하는 경향과 함께 리조트 골프장 및 아파트 등 대단위 공동주택 건축에서 조경 공사의 중요성이 더욱 부각되는 추세입니다. 또한 주 5일제의 보편화로 인한 자연친화적 여가활동의 증가와 주거 및 여가 환경에 있어 조경의 필요성도 더욱 강조되고 있습니다.

또한 매년 조경 전문가에 대한 수요도 꾸준히 증가하고 있어 중장기적으로 전망이 밝은, 최근 가장 인기 있는 자격증으로 활용도와 전문성을 겸비한 국가 기술 자격증이라 할 수 있습니다.

최근에는 귀농, 귀촌 및 전원생활에 활용하거나 혹은 토목, 건축 개발 공사를 셀프로 진행하기 위한 수요 등 직업을 위한 자격증 취득이 아닌 자기개발이나 취미활동을 위해 취득하는 사례가 증가하고 있고, 퇴직을 앞둔 중장년 층의 인생 2막을 위한 준비로 조경기능사 자격증을 취득하는 사례 역시 크게 증가하고 있습니다.

본 교재는 매 회차 시험마다 꾸준히 수많은 합격자를 배출하고 있는 파이팅혼공TV의 검증된 유튜브 강의와 함께 조경기능사 필기시험을 시간 낭비 없이 한방에 효율적으로 합격할 수 있는 방법을 전해드리고자 출간하였습니다. 심지어 조경과 건축에 문외한인 분일지라도 교재에서 제시하는 학습법 대로만 학습하신다면 별로 힘들이지 않고 합격하실 수 있도록 구성하였습니다.

조경기능사 응시방법

조경기능사 응시방법

조경기능사 시험은 기능사 정기시험으로 연간 4회 시행됩니다. 한국산업인력공단 Q-net 홈페이지에서 연간 시험일정을 살펴보시고 (미리 PC나 휴대폰 어플 설치 후 회원가입, 사진등록 완료하시는 것을 추천드립니다) 해당 접수일 오전 10시 정각에 휴대폰이나 PC로 큐넷에 접속하셔서 조경기능사 종목을 선택, 응시시간과 장소를 정하시고 응시료를 결재하시면 시험 접수가 완료됩니다.

응시자 현황 및 합격율

조경기능사 필기	2019	2020	2021	2022	2023	2024
필기 응시자 수	12,842명	13,443명	18,092명	16,486명	17,901명	17,243명
필기 합격자 수	5,229명	6,241명	8,401명	8,681명	9,245명	8,260명
필기 합격률	**40.7%**	**46.4%**	**46.4%**	**52.7%**	**51.6%**	**47.6%**

조경기능사 실기	2019	2020	2021	2022	2023	2024
실기 응시자 수	5,692명	6,235명	8,537명	8,705명	6,259명	8,598명
실기 합격자 수	5,194명	5,659명	7,431명	7,373명	5,409명	6,441명
실기 합격률	**91.3%**	**90.8%**	**87%**	**85.9%**	**86.4%**	**74.9%**

유튜버 **파이팅혼공TV**

조경기능사 필기 초단기 합격

무료동영상 : NCS 기반 CBT 기출유형 문제포함

1. 기본 이론 한방에 정리 / 2. 빈출 모의고사 문제형 5회분
3. 기출 스피드 암기노트 1~10 / 4. 벼락치기 기출 스피드 문답암기 핵심노트

1. 기본이론 한방에 정리   9

1.	조경양식의 이해	11
2.	조경계획	22
3.	조경설계	25
4.	부문별 조경계획과 설계	33
5.	조경시설물	38
6.	조경 수목	43
7.	식재공사	57
8.	조경시공	62
9.	조경 시설 공사	65
10.	조경관리	86

2. 빈출 모의고사 문답암기 문제형   99

모의고사 문제형 1회	101
모의고사 문제형 2회	117
모의고사 문제형 3회	134
모의고사 문제형 4회	150
모의고사 문제형 5회	166

3. 기출 스피드 암기노트 시리즈 — 181

기출 스피드 암기노트 1	183
기출 스피드 암기노트 2	193
기출 스피드 암기노트 3	204
기출 스피드 암기노트 4	211
기출 스피드 암기노트 5	216
기출 스피드 암기노트 6	221
기출 스피드 암기노트 7	227
기출 스피드 암기노트 8	234
기출 스피드 암기노트 9	241
기출 스피드 암기노트 10	250

4. 벼락치기 기출 스피드 문답암기 핵심노트 — 259

기출스피드 문답 암기 핵심노트 Part 1	261
기출스피드 문답 암기 핵심노트 Part 2	268
기출스피드 문답 암기 핵심노트 Part 3	277
기출스피드 문답 암기 핵심노트 Part 4	288
기출스피드 문답 암기 핵심노트 Part 5	296
기출스피드 문답 암기 핵심노트 Part 6	303

조경기능사

기본 이론 한방에 정리

1. 조경양식의 이해

1 조경일반

▣ 조경의 정의 (미국조경가협회 ASLA 1909년 창설)

- **1909년**
  - 인간의 이용과 즐거움을 위하여 토지를 다루는 기술
- **1975년**
  - 실용성과 즐거움을 줄 수 있는 쾌적한 환경을 조성이 목표
  - 자원보전과 효율적 관리를 도모
  - 문화 및 과학적 지식을 응용하여 설계, 계획하고 토지를 관리하며, 자연적, 인공적요소를 구성하는 기술

- 1858년 옴스테드가 〈조경가〉라는 용어 처음 사용
- 1900년 하버드대 디자인대학원 조경학과 개설로 현대적 학문체계 등장
- 펜실베니아대(1909), 오하이오 주립대(1915) 조경학과 개설
- 한국에서는 1970년대 초부터 〈조경〉이라는 용어가 사용
- 1973년 서울대, 영남대 조경학과 개설

▣ 조경의 필요성

> ❖ **우리나라에서 처음 조경의 필요성을 느끼게 된 가장 큰 이유는?**
> **급속도로 진행된 국토개발로 인한 자연훼손을 해결하고자 처음 도입**
> (인구증가로 인한 휴식시설 부족해결 (×), 대기오염과 수질오염 해결 (×))

조경의 효과와 발전 방향

① 기능적, 실용적 생활공간 조성
② 인간의 안식처로서의 구실, 살기 좋고 위생적인 주거환경
③ 주택은 충분한 햇빛과 통풍을 얻을 수 있게 된다.
④ 오픈스페이스(옥외공간) 제공으로 레크리에이션 효과
⑤ 자연보호 및 경관보전 대기오염완화, 수질개선, 소음감소
⑥ 온도와 습도 조절, 산사태 등 자연재해 예방 효과
⑦ 새로운 과학기술 도입하여 생활환경 개선
⑧ 건축, 토목, 지역계획 등 관련분야와 협력하여 계획을 수립
  (고층빌딩 건축으로 도시화 촉진 (×))
  (기존 자연지형을 과감하게 변경하는 방향으로 계획을 수립 (×))

조경가란?

① 조경가는 경관 건축가(landscape architect)라 부른다.
② 건축가의 작업과 많은 유사성을 가지고 있다.
③ 자연과 인간에게 봉사하는 전문직업분야이다.
④ 실용적이고 기능적인 생활환경을 만드는 건설분야이다.
⑤ 1858년 미국의 옴스테드(Olmsted)가 처음 조경가라는 용어 사용
⑥ 예술성을 지닌 실용적, 기능적 생활환경을 만든다.
  (주택의 정원만을 만드는 일에 주력한다. (×))
  (정원사(landscape gardener)라는 개념과 동일하다. (×))

조경의 대상

① 정원 : 주택 및 공동주거단지 정원, 학교정원, 상업용빌딩정원, 옥상정원, 실내정원
② 자연공원 : **국립공원, 도립공원, 군립공원, 지질공원** 암기 TIP! 국도군지
③ 도시공원/녹지 : 생활권 공원, 주제공원, 녹지
④ 문화재 : 궁궐, 사찰, 왕릉, 전통민가, 고분, 사적지
⑤ 위락/관광시설 : 유원지, 휴양지, 골프장, 자연휴양림, 해수욕장, 마리나
⑥ 생태계 복원시설 : 생태연못, 자연형 하천, 법면녹화, 비오톱, 야생동물 이동통로

2 조경양식

◘ 조경 양식의 발생요인

- 자연적 요인 : 지형, 기후, 토질, 암석, 지하수량 등 자연환경적 특성
- 사회 문화적 요인 : 역사, 정치, 종교, 이념에 따른 요인, 시대상과 풍습, 민족성, 예술, 과학기술, 조경재료의 발달여부

◘ 정형식 / 자연식 / 절충식 조경

- **정형식** 정원의 종류 : 중정식, 노단식, 평면기하학식 정원
- **자연식** 정원의 종류 : 자연풍경식, 회유임천식, 고산수식 정원
- **절충식** 정원 : 실용성과 자연성을 동시에 가진 절충형태

◘ 정형식 정원의 특징

① 주로 서아시아 및 유럽에서 발달
② 직선과 곡선의 규칙성을 이용 기하학적 설계
③ 인간이 자연을 조절 통제하는 인공적, 의도적 질서
④ 뚜렷한 축을 이용한 대칭미, 정형적 공간 구성

❖ **중정식** 정원 : 건물이나 벽으로 둘러싸인 공간에 정원을 구성
   고대 그리스, 로마 주택정원, 스페인, 이슬람 정원
   중세 수도원 정원 등
❖ **노단식** 정원 : 이집트 델엘바하리의 핫셉수트 여왕의 장제 신전(현존最古)
   서아시아 바빌로니아 공중정원, 르네상스 이탈리아 정원
   (경사지에 계단식으로 조성)
❖ **평면기하학식** 정원 : 르네상스시대 프랑스 정원(평탄지에 조성)

자연식 정원의 특징

- **자연풍경식 정원** : 18세기 영국, 독일
  한국, 중국, 일본 정원의 배경
- **회유임천식 정원** : 중국, 일본, 한국정원 모두에 존재
- **고산수식 정원** : 무로마치 (13~15세기) 실정시대 일본정원
  (축산고산수식 - 평정고산수식)

3 서양조경

고대 서아시아

① 공중정원(hanging garden)은 최초의 옥상정원으로 세계 7대 불가사의
② 서아시아 메소포타미아의 대표적 정원은 바빌론의 공중정원
③ 서아시아 조경의 수렵원(왕과 귀족을 위한 사냥터)은 오늘날 공원의 시초이다.
④ 인공언덕과 인공호수 조성
⑤ 관개를 위해 소나무와 사이프러스를 규칙적으로 열식

고대 이집트

① 신전정원, 묘지정원 발달

고대 그리스

① 구릉이 많은 지형에 영향을 받음
② 짐나지움[원래는 체육훈련장]과 같은 공공적인 정원이 발달
③ 히포다무스에 의해 격자형 도시계획이 채택됨
  (서민들의 정원은 발달하지 못했다. (×))
  (왕이나 귀족의 저택은 대규모로 사치스러웠다. (×))
④ 아고라 : 시민들의 토론, 선거, 시장 등의 기능을 하던 옥외 광장

고대 로마

① 폼페이 주택정원　**암기 TIP! 아페지**
- 아트리움(Atrium 제1중정 - 공적기능)
- 페리스틸리움(Perostylium 제 2 중정 - 가족을 위한 사적기능)
- 지스터스(Xystus 후원기능 과수, 채소재배)

② 포름 : 공공장소로 후세 광장으로 발달

중세시대 조경

① 클라우스트룸(Claustrum) : 중세수도원의 전형적인 정원으로 예배실을 비롯 교단의 공공건물에 둘러싸인 네모난 공지

스페인 정원

① 이슬람문화의 영향으로 독특한 중정식 정원양식
② 분수, 연못, 색체타일 발코니 등이 기하학적 특징을 보여줌
③ 알함브라성 : 스페인에 현존하는 대표적 이슬람 정원
④ 헤네랄리페 궁원 : 수로의 중정이라 불리며 캐널 양끝에 대리석으로 만든 연꽃모양의 분수반이 있고, 물이 이곳을 통과하여 캐널로 흐르게한 파티오식 정원

인도 정원

① 타지마할 : 16세기 무굴제국, 인도 정원양식을 보여주는 대표적 인도 건축물
② 인도정원은 물을 대표적 정원 요소로 이용하여 종교적, 실용적 용도로 잘 이용함

르네상스 시대 정원

① 정원이 건축의 일부로 종속되던 시대에서 벗어나 건축물을 정원양식의 일부로 다루는 경향이 출현
② 르네상스 문화와 더불어 최초로 노단건축식 정원이 발달한 곳은 이탈리아 피렌체

이탈리아 정원

① 인본주의 및 자연주의 시작과 함께 르네상스 시대부터 크게 발달함

② 지형과 기후에 따라 구릉과 경사지에 빌라 발달 (노단건축식 15C)

③ 높이가 다른 여러 개의 노단을 잘 조화시켜 좋은 전망을 살림

④ 강한 축을 중심으로 정형적 대칭을 이루도록 꾸며졌다.

⑤ 원로의 교차점이나 종점에 조각, 분천, 연못, 캐스케이드, 벽천, 장식화분 등을 배치

　(캐스케이드란? 여러 단을 만들어 물을 흘러내리게 하는 계단형 폭포)

⑥ 계단형 폭포, 물무대, 분수, 정원극장, 동굴의 조경 수법이 가장 많이 나타남

⑦ 테라스(terrace)를 쌓은 정원이 특징 - 테라스는 노단을 말한다.

⑧ 이탈리아 르네상스 시대 조경작품 - 15C 빌라 메디치, 16C 빌라 란테, 에스테, 파르네제장,

　17C 빌라 란셀로티, 감베라이아

기출

❖ 16세기 이탈리아의 대표적 정원인 빌라 에스테의 특징은?

　▶ 사이프러스 군식, 자수화단, 미로, 연못 (사이프러스 열식 (×))

프랑스 정원

① 평면기하학식 조경양식(17C)

② 주축선 양쪽에 수림을 만들어 주축선을 강조하는 비스타수법을 이용

③ 비스타(Vista)란 시선이 좌우로 제한하여 일정지점으로 모이도록 구성된 경관수법으로 일명〈통경선 강조 수법〉이라 한다. 정원을 한층 더 넓게 보이게하는 효과가 있다.

④ 프랑스의 르노트르가 이탈리아에서 수학한 뒤 귀국하여 만든 최초의 평면기하학식 정원은 보르비콩트

⑤ 르노트르는 보르비콩트를 기초로 루이14세 때 베르사유 궁전을 설계

영국 정원

① 사실주의 자연풍경식 조경수법 발달(18C)

② 매듭화단 : 영국 튜터 왕조에서 유행했던 화단으로 낮게 깎은 회양목 등으로 화단을 여러가지 기하학적 문양으로 구획짓는 것

③ 버큰헤드파크(1843) : 최초로 시민의 힘과 민간 재정으로 조성

④ 스토우 가든 : 브리지맨에 의해 담장 대신 부지 경계선에 도랑을 파서 외부로부터 침입을 막는 ha-ha수법을 실현함, 18C영국 낭만주의 사상과 관련

⑤ 윌리엄 캔트 : 영국의 낭만주의 조경가로 "자연은 직선을 싫어한다"고 주장

⑥ 18C 험프리 랩턴에 의해 완성된 영국의 정원 수법은 사실주의 자연풍경식

⑦ 험프리 랩턴 : 정원의 개조 전 후의 모습을 보여주는 레드북(Red-book)을 창안하고 정원사라는 용어를 처음 사용

⑧ 19C 전반 영국에서는 사적인 정원 중심에서 공적인 대중공원의 성격으로 전환

독일 정원

① 19세기 근대 독일에서는 구성식 조경이 발달(근대건축식 정원양식)

② 과학적 기반을 중시하여 식물생태학, 식물지리학에 기초를 둠

③ 실용과 미관을 겸비한 월가든, 워터가든 형태의 소규모 정원에 어울리는 벽천이 특징

④ 볼크스파크(Volkspark) - 인구 50만 이상 도시에 건설한 시민공원

⑤ 분구원 - 200제곱미터 단위로 시민에게 임대하는 형식의 실용적 소정원지구

⑥ 괴테 - 바이마르 공원 설계

미국 정원

- 센트럴파크(1858년, 면적 334ha의 장방형 슈퍼블럭)
- 프레드릭 로 옴스테드 : 현대 조경의 아버지라 불리며 조경을 예술의 경지로!
- 모든 시민을 위한 근대적 면모의 최초의 공적 공원
- 그린스워드안 : 옴스테드와 캘버트 보가 제시한 자연풍경식의 센트렐파크 설계 현상공모 당선작
  - 입체적 동선체계(평면적 동선체계 (×))
  - 차음과 차폐를 위한 주변식재
  - 넓고 쾌적한 마차 드라이브 코스
  - 동적 놀이를 위한 운동장
- 옐로우스톤 국립공원(1872년) : 국립공원 발달에 기여한 최초의 미국 국립공원
- 요세미티 국립공원(1890년) : 최초의 자연공원

네덜란드 정원

① 운하식이며 튤립, 히야신스, 아네모네, 수선화 등 구근류로 장식
② 테라스를 전개시킬 수 없었으므로 분수, 캐스케이드가 채택될 수 없었다.
③ 상대적으로 작고 한정된 공간에서의 다양한 변화를 추구
   (but 프랑스와 이탈리아에 비해 규모가 2배 이상이다. (×))

4 동양조경

중국정원

① 상징적, 사의적, 사의주의 풍경식, 대비를 강조 (대칭 (×))
② 차경수법을 도입, 지역마다 재료를 달리한 정원양식
③ 건물과 정원이 한덩어리 형태로 발달
④ 기하학적 무늬가 있는 원로
⑤ 태호석과 같은 구멍 뚫린 괴석을 세우는 정원수법
⑥ 신선사상은 연못을 파고 그 가운데 섬을 만드는 수법에 가장 큰 영향을 끼침
   - 십장생 : 해, 산, 물, 돌, 구름, 소나무, 불로초, 거북, 학, 사슴
   - 아방궁 : 중국에서 가장 오래전 만들어졌으나 소실되어 남아있지 않음(진나라 진시황)
   - 상림원 : 중국정원 중 가장 오래된 수렵원, 사냥터(한나라) – 중국정원의 기원(현존하지 않음)
   - 당나라 : 온천궁, 구성궁, 민가정원(왕유의 만천별업, 백거이 정원, 이덕유의 평천산장)
   - 소주(쑤저우 苏州)의 4대명원(四大名园) : 암기 TIP! 창사졸유
     창랑정(송), 사자림(원), 졸정원(명), 유원(명)
   - 청나라 유적 : 자금성 금원, 이궁(원명원, 이화원, 피서산장)
   - 이화원 : 건륭제 때 조성, 만수산과 곤명호로 구성

일본조경

- 불교사상 전파와 신설설에 따른 조경수법
- 상징적, 축소지향적(축경식), 인공적 기교, 추상적 구성(실용적 기능은 무시)

① **일본 조경문화의 시초**

　백제에서 일본으로 건너간 노자공(路子工)에 의해 612년 수미산과 오교(홍교) 축조〈일본서기에 기록〉

② **나라시대**

　〈8C〉불교사상, 신선사상, 평성궁의 S자 곡수

③ **헤이안시대**

　〈9C~12C〉신선사상(신천원), 침전조양식(동삼조전)

　작정기 - 귤준강이 쓴 일본 최초의 정원축조에 관한 책

④ **회유임천식**

　자연경관을 인공적으로 축경화, 산을 쌓고, 연못, 계류, 수림 조성

　침전조, 정토정원, 침전건물을 중심으로 한 연못과 섬을 거닐며 감상

⑤ **축산고산수식**

　〈14C 무로마치(실정)시대〉축소지향적 사실적 묘사, 상록활엽수 사용

　수목, 돌, 모래 사용 (대덕사 대선원)

　왕모래는 냇물, 바위는 폭포상징, 나무를 다듬어 산봉우리 상징

⑥ **평정고산수식**

　〈15C 무로마치(실정)시대〉축소지향적

　돌, 모래 사용 (용안사 석정)

⑦ **다정식**

　〈16C 모모야마시대〉다실주변에 소박한 노지식 자연식 정원조성

　석등, 세수통, 자갈, 징검돌 사용

⑧ **일본조경양식의 발달순서**

　회유임천식 ⇨ 축산고산수식 ⇨ 평정고산수식 ⇨ 다정식

　암기 TIP! 회축평다

한국조경

- **신선사상, 음양오행사상, 풍수리지사상, 유교사상, 불교사상, 은일사상의 영향**

　① **고구려 : 장안성(547), 안학궁(427)**

　② **백제 : 신선사상 영향, 몽촌토성, 임류각, 궁남지(635), 석연지**

　　- 궁남지 : 무왕 35년(635)에 만들어진 조경유적으로 못 가운데 섬을 축조(현존)

　　- 석연지 : 정원의 점경물로 물을 담아 연꽃을 심고 부들, 개구리밥, 마름 등의 부엽식물을 곁들이고 물고기도 넣어 키움

③ 신라 : 신선사상 영향
- 안압지(674 경주) : 신선사상의 영향, 당나라 장안성의 금원을 모방, 연못 내 돌을 쌓아 무산 12봉을 본 뜬 석가산을 조성, 연못의 모양이 다양하고 대중소 3개의 섬이 타원을 이룸
  (물의 입구와 출구는 따로 있다.)
  (물가 - 임해전, 연못 - 봉래산, 섬 - 삼신산 암시)

④ 고려시대 : 중국 송 시대 수법을 모방한 화원과 석가산 및 누각이 발달
- 불교와 중국의 영향 大, 동지, 만월대, 수창궁원, 청평사 문수원 정원
- 송나라 영향으로 화려한 관상위주의 이국적 정원 조성
- 휴식과 조망을 위한 정자를 설치하기 시작
- 고려시대 궁궐정원을 맞아보던 관서는 내원서

⑤ 조선시대 : 풍수지리설의 영향을 가장 크게 받은 시기, 자연을 존중 (인공적 처리 (×))
- 한국적인 색채가 가장 짙은 정원양식, 처사도를 근간으로 한 은일사상 성행(별서정원)
- 우리나라 독특한 정원수법인 후원수법이 가장 발달

✓ **후원양식** : 조선중엽 이후 풍수지리설, 음양오행설, 유교의 영향으로 발달 (불교 (×))
건물 뒤에 자리잡은 언덕배기를 계단 모양으로 다듬어 조성
경복궁 교태전, 아미산, 창덕궁 낙선재 등이 후원의 예
경복궁 경회루 원지는 장방형의 방지방도

- **경북궁 아미산 후원** 교태전의 굴뚝 문양 - 학, 박쥐, 용, 호랑이, 봉황, 불가사리, 해치, 나비, 사슴, 새, 당초, 불로초, 소나무, 매화, 바위, 구름 등
- **창덕궁 후원**은 우리나라 고유의 공원을 대표할 만한 문화재적 가치를 지녔으며 비원, 금원, 북원이라 불림 (능원 (×))
  - 자연미와 인공미의 조화, 부용정, 애련정, 관람정, 옥류천, 청의정, 청심정
- **창경궁 낙선재 후원**은 언덕에 5단 화계에 화목, 석상, 굴뚝, 괴석으로 장식

✓ **조선시대 민간 주택정원과 별서정원**
- **주택정원** : 배산임수, 앞에는 연못, 뒤에는 화계 조성, 주택 내 공간의 구분(유가사상)
  선교장(활래정) - 강릉, 운조루 - 구례, 김동수 가옥 - 정읍
- **별서정원** : 자연과 함께 은둔생활을 위한 한시적 별장형태로 누각, 정자 등의 건물을 배치하고 담장과 문이 없는 개방적 형태
  - 양산보의 소쇄원 - 담양
  - 윤선도의 부용동 정원 - 완도

- 송시열의 남간정사 - 대전
- 약용의 다산초당 - 강진
- 민주현의 임대정 - 화순
- 윤응렬의 부암정 - 종로
- 정영방의 서석지 - 영양

✓ 누(樓)와 정(亭)
- 누(樓) : 17C이전 고을 수령에 의해 행사, 연회등의 장소로 조성된 공적 이용공간(2층구조)
- 정(亭) : 관상과 정서생활을 위한 사적 이용공간으로 다양한 계층에 의해 조성, 17C이후 그 수가 많아짐

✓ 조선시대 조경서적
- 양화소록(강희안) : 화목 재배와 괴석 배치에 관한 서술 (화목구품) 15C
- 산림경제(홍만선) : 풍수설에 의한 화목 배식법 서술 (백과사전식 농업 기술서, 17C 숙종 때)
- 지봉유설(이수광) : 한국 최초의 백과사전식 서술형태, (1614년 광해군 때)
- 화암수록(유박) : 화목 구등품제 기술 (18C 조선 영조 때 농서)

▣ 현대조경

① 실용성과 자연감상을 겸하는 조경, 국토 및 자연보존 중요시
② 과학적 근거를 토대로 분석 / 계획하는 조경으로 발전
③ 탑골공원(파고다공원) : 영국의 브라운이 설계한 우리나라 최초의 근대적 대중적 도시공원(1897년)
④ 우리나라 최초의 국립공원 지정 - 지리산 1967년(공원법 제정)
⑤ 옛 용어와 현대용어 연결

배롱나무 - 자미
동백나무 - 산다
백목련 - 옥란
연(蓮) - 부거

2. 조경계획

조경분야 프로젝트 수행단계 순서 : 계획 - 설계 - 시공 - 관리

▣ 조경계획

- 조경계획의 수행과정의 단계

  목표설정 - 자료분석 및 종합 - 기본계획 - 기본설계 - 실시설계

- 좁은 의미의 조경계획 단계

  목표설정, 자료수집, 자료분석 및 종합, 기본구상, 대안작성 및 평가, 기본계획 (기본설계 (×))

- 프로젝트 수행단계 중 주로 자료수집, 분석, 종합에 초점을 두는 단계는 조경계획
- 기본계획 단계는 마스터 플랜(Master Plan)을 작성하는 단계로 토지이용 용도, 지역간 동선연결 체계, 하부구조시설 가설체계, 시설물 배치, 집행계획 등을 다룬다.
- 토지이용 계획 시 진행순서 : 토지이용분류 - 적지분석 - 종합배분
- 조경계획 과정 (순서) : 기초조사 - 터가르기 - 동선계획 - 식재계획

▣ 조경설계

- 식재, 포장, 계단, 분수 등과 같이 한정된 문제를 해결하기 위해 구성요소, 재료, 수목들을 선정하여 기능적이고, 미적인 3차원적 공간을 구체적으로 창조하는데 초점을 두어 발전시키는 것을 조경설계라 한다.
- 다이어그램(구상도) : 설계자의 의도를 개략적인 형태로 나타낸 일종의 시각 언어로서 도면을 단순화시켜 상징적으로 표현한 그림을 의미
- 실시설계 : 설계단계에서 시방서 및 공사비 내역서 등을 포함하는 설계는 실시설계
- 조경 실시설계 기술자는 물량산출 및 시방서 작성 (생산 (×), 시공 (×), 전정 및 시비 (×))

▣ 조경시공

- 생물을 직접 다루며, 전체적으로 공학적인 지식이 가장 많이 필요한 단계는 시공단계

조경관리

- 식생의 이용 및 시설물의 효율적 이용 유지, 보수 등 전체적인 것을 다루는 단계는 조경관리 단계

레크리에이션 접근법

- 활동접근법 : 과거의 경험에 비추어 레크리에이션 기회를 결정하는 방법
- 행태접근법 : 이용자의 행동패턴에 맞춰 계획하는 방법
- 맥하그의 생태적 결정론(Lan McHarg's ecological determinism) :
자연계는 생태계의 원리에 의해 구성되어 있으며, 생태적 질서가 인간환경의 물리적 형태를 지배한다는 이론 (주의! 인간행태는 생태적 질서의 지배를 받는다는 이론 (×))

도시지역 기본 구상도 표시기준 (주상공녹)

- 주거지역 - 노랑
- 상업지역 - 분홍
- 공업지역 - 보라
- 녹지지역 - 연두

홀(Hall)이 구분한 개인적 공간의 거리와 기능

- 0~0.45m : 이성간 교제(친밀한 거리)
- 0.45~1.1m : 친한 친구와의 대화(개인적 거리)
- 1.2~3.5m : 업무상의 대화 유지 거리(사회적 거리)
- 3.6m 이상 : 청중과 배우 사이에 유지되는 거리(공적 거리)

기초조사 및 분석

① 기후조사
- ✓ **미기후**란? 국부적인 장소에 나타나는 기후로 주변 기후와 현저히 다른 기후
- ✓ 지역주민에 의해 자료 수집 가능하나 지역적 기후자료보다 얻기 어려움
- ✓ **미기후 조사 항목** : 지형, 태양 복사열 정도, 안개 및 서리피해 유무, 공기 유통 정도
(지하수 유입 및 유동정도 (×))

② 토양조사
- **경사도 = 수직거리 / 수평거리 X 100%**
- 토양은 **흙입자(광물질45%, 유기물5%), 물(25%), 공기(25%)**로 구성 (토양의 3상)
- 토양의 성질은 **모래, 미사, 점토**의 비율로 결정 (자갈 (×)) 암기 TIP! 모미점
- 식물생육에 적합한 토양은 **식양토, 양토, 사양토**
- **유기물층 (Ao층)** : 낙엽과 그 분해물질 등 대부분 유기물로 되어있는 토양고유의 층으로 L층, F층, H층으로 구성
- **영구위조란?** 토양의 수분이 감소하여 식물체가 심하게 시든 상태로 물을 주어도 회복이 안되는 상태 **(영구위조 시 수분 : 모래(사토) 2~4%, 진흙 35~37%)**

③ 경관조사
- **랜드마크(Landmarks)** : 주변 경관과 비교 시 지배적이며, 특징을 가지고 있어 지표적인 역할을 하는 것 (ex. OO타워, OO대교 등 식별성을 가진 높은 지형지물)
- **통경선(Vista)** : 좌우로 시선이 제한되어 전방의 일정지점으로 시선이 모이도록 구성된 경관
- **파노라마 경관(panoramic landscape)** : 시야를 가리지 않고 멀리 터져 보이는 경관 (ex. 독도의 전망대에서 바라보는 경관, 수평선, 초원 등)
- **통로(path)** : 케빈린치(K.Lynch)가 주장하는 경관의 이미지 요소 중 관찰자의 이동경로에 따라 연속적으로 경관이 변해가는 과정을 설명 (ex. 도로, 운하, 수송로, 가로, 철도 등)
- **일시경관(ephemeral landscape)** : 시간 경과, 기상변화에 따른 상황변화, 경관의 모습이 달라지는 것, 무리지어 나는 철새, 설경 또는 수면에 투영된 영상, 동물 출현 등에서 느껴지는 경관
- **위요경관(enclosed landscape)** : 중심은 평탄한 반면, 주위가 숲이나 산으로 둘러싸여 있는 공간 (ex. 산중호수 등)
- **관개경관(canopied landscape)** : 교목의 수관 아래에 있는 것처럼 위로는 시야가 차단되고 옆으로 열린 경관, 노폭이 좁은 숲 속 오솔길같이 나뭇가지와 잎이 상층을 덮어 나무줄기가 기둥처럼 보이는 경관
- **경관의 우세요소**에는 선, 색채, 형태, 질감 등이 있다.
- **경관의 가변요소**에는 광선, 기상조건, 계절, 관찰위치, 규모, 시간, 기후조건, 운동 등이 있다.
- **GIS(지리정보시스템)** : 조경분야에서 컴퓨터를 활용함에 있어 설계 대상지의 특성을 분석하기 위해 자료수집 및 분석에 사용, 지형정보 및 지하시설물 등 관련 정보를 인공위성으로 수집, 분석할 수 있는 복합 지리정보 시스템
- **지형경관**은 관개경관, 세부경관, 위요경관과 달리 **인간적 척도 (Human scale)**와 밀접한 관계를 갖기가 어렵다.

3. 조경설계

▣ 제도란?

- 작성자의 의도를 제도기구를 이용하여 선과 기호 등으로 제도용지에 설계도를 그려 표현하는 작업

> 제도 순서 : 축척을 정한다 - 도면의 윤곽을 정한다 - 도면의 위치를 정한다 - 제도를 한다

▣ 선의 종류

- 실선 - 굵은선, 중간선, 가는선
- 허선 - 파선, 1점쇄선(가는선, 중간선), 2점쇄선

- 굵은 실선 : 단면선, 중요 시설물, 식생, 도면 윤곽선 표현
- 중간 실선 : 입면선, 외형선 등 눈에 보이는 대부분의 형태를 표현
- 가는 실선 : 마감선, 수목인출선, 치수 보조선, 해칭선 등

- 파선(중간선) : 물체의 보이지 않는 부분 표현
- 1점쇄선(가는선) : 물체의 중심선, 기준선, 절단선, 부지경계선(지역구분) 등의 가상선
- 2점쇄선(굵은선) : 절단면의 위치, 부지경계선
- 2점쇄선(가는선) : 일점쇄선의 대용, 가상선

▣ 치수

- 치수의 단위가 mm일 때는 단위표시를 하지 않으며, 그 외에는 별도의 단위표시를 해야한다.
- 치수선은 치수보조선에 직각이 되도록 긋는다.
- 치수기입은 왼쪽에서 오른쪽, 아래에서 위로 기입한다.
- 치수선의 양끝에는 화살 또는 점으로 표시한다.
- 치수의 기입은 치수선에 따라 도면에 평행하게 긋는다.

인출선

- 수목명, 본수, 규격 등을 기입하기 위한 선으로 내용물 자체에 설명을 기입할 수 없을 때 사용한다.
- 가는 실선을 사용하며, 한 도면 내에서는 굵기와 질은 동일하게 유지한다.
- 인출선의 긋는 방향과 기울기는 통일하는 것이 좋다.(서로 다르게 하는 것이 효과적 (×))

제도용구

- 조경에서 제도 시 가장 많이 사용되는 제도용구로 원형템플릿, 삼각축척자, 콤파스 등이 있다.(나침반 (×))
- 원형템플릿은 수목표현 시 가장 많이 사용하는 제도용구이다.
- 직각이등변 삼각형(내각 : 45도, 45도, 90도), 직각삼각형(내각 : 30도, 60도, 90도)으로 작도 할 수 있는 각도는 105도(60도+45도), 75도(45도+30도), 135도(45도+90도) 등이다.

제도용지의 규격

- **A0** : 841 × 1189   **A1** : 594 × 841   **A2** : 420 × 594   **A3** : 297 × 420   **A4** : 210 × 297
- 도면의 표제란에는 도면명, 도면번호, 축척, 작성일자, 방위, 기관정보 등은 기재하지만 제도장소는 기재하지 않는다.

동선 설계 시 고려조건

- 가급적 단순하고 명쾌하게 한다.
- 성격이 다른 동선은 반드시 분리한다.
- 가급적 동선의 교차를 피한다.
- 이용도가 높은 동선은 짧게 해야한다.

원로 시공계획 시 주의사항

- 원로는 단순 명쾌하게 설계, 시공되어야 한다.
- 도면상 선적인 요소에 해당
    - 선적요소 : 원로, 냇물, 수분경계, 생울타리 - 점적요소 : 음수대
- 보행자 1인의 통행 가능 원로폭은 0.8~1.0m이다.
- 보행자 2인의 통행 가능 원로폭은 1.5~2.0m이다.
- 원로의 경우 보도와 차도의 분리가 어려우므로 보도는 관리차량 등의 이동을 겸할 수 있다.

수평선, 수직선, 사선의 느낌

- 수평선 : 평화감, 수동적, 세속적, 만족, 중력의 지지를 표현
- 수직선 : 고상함, 극적, 장중함, 중력의 중심을 표현
- 사선 : 불안정, 순간적, 주의집중, 운동성, 위험성을 표현

색채

- 색상 : 감각에 따라 식별되는 색의 종명
- 채도 : 색의 포화상태, 색의 강약
- 그레이 스케일(Gray scale)은 명도의 기준척도
- 두 색상 중 빛의 반사율이 높은 쪽이 밝은 색이다.
- 도형의 색이 바탕색의 잔상으로 나타나는 심리보색의 방향으로 변화되어 지각되는 대비효과를 **색상대비**라 한다.
- 색의 온도 순서 : (따뜻함) 빨강 - 주황 - 노랑 - 연두 - 녹색 - 파랑 - 흰색 (차가움)
- 따뜻한 색(난색) : 전진, 정열적, 온화, 친근한 느낌
- 차가운 색(한색) : 안정적, 냉정함

우리 눈의 명암순응 (明暗順應)

- 눈이 빛의 밝기에 순응하여 물체를 본다는 것을 명암순응이라 한다.
- 터널에 들어갈 때와 나올 때의 밝기가 급격히 변하지 않도록 명암순응 식재가 필요하다.
- 명순응에 비해 암순응은 장시간을 필요로 한다.

푸르키니에 현상

체코의 의사 푸르키니에가 발견한 현상으로 태양이 지면서 주위가 어둑해질 무렵 낮에 화사하게 보이던 빨간 꽃이 거무스름해져 보이고, 청록색 물체가 밝게 보이는 현상, 밝은 곳에서는 적색이나 황색이, 어두운 곳에서는 청색이나 보라색이 밝게 보이는 현상

색의 원리

- **색의 3원색 (색료 - 물감)**
  시마엘 (시안, 마젠타, 옐로우) - 섞으면 점점 어두워져 검정색 (감법혼산)
- **빛의 3원색 (색광)**
  알쥐비 - RGB (빨강 Red, 녹색 Green, 파랑 Blue) - 섞으면 점점 밝아져 백색 (가법혼합)
- **먼셀의 10색 상환**은 기본5색인 빨강(R), 노랑(Y), 녹색(G), 파랑(B), 보라(P) 사이에 주황(YR), 연두(GY), 청녹(BG), 남색(PB), 자주색(RP)을 넣어 10가지 색으로 분할한 것으로 보색을 짝짓는 문제가 출제된다.

  >암기 TIP! 청바지빨 잘 받네, 파주가서 노남, 보연이랑 녹자도 같이 놀자!

- 보색관계 : **청**(BG) - **빨**(R), **파**(B) - **주**(YR), **노**(Y) - **남**(PB), **보**(P) - **연**(GY), **녹**(G) - **자**(RP)
- 오방색 : 토(土) - 황색 - 중앙 , 목(木) - 청색 - 동쪽 , 금(金) - 백색 - 서쪽 , 화(火) - 적색 - 남쪽 , 수(水) - 흑색 - 북쪽

경관구성의 주요 미적원리

- 디자인의 3대 조건은 심미성, 독창성, 합목적성이다. (조직성 (×))
- 조경미의 3요소 : 색채미(재료미), 형식미(형태미), 내용미

① **피아노의 리듬**에 맞추어 움직이는 분수 - **율동미**
② 변화되는 색채, 일정하게 들려오는 파도소리, 폭포소리 - **운율미**
③ 경관구성의 미적원리를 **통일성과 다양성**으로 구분할 때, **균형과 대칭, 강조, 조화**는 통일성과 관련이 있다. (**율동, 비례, 대비는 다양성**과 관련)
④ 조경공간 구성 재료를 질적, 양적으로 **전혀 다른 것으로 배열하여 서로의 특성이 강조**될 때, 보는 사람에게 강한 자극을 주는 조경미 - **대비미**
  (Ex. 소나무의 푸른 수관을 배경으로 한 분홍색 벚꽃 - 대비미, 중국정원의 특징)
⑤ 비슷한 형태나 색감 사이에 이와 **상반된 것을 넣어 시각적으로 통일감을 조성**하는 수법 - **강조미**
  (대상의 외관을 단순화하여 표현하며, 자연경관에 구조물 등으로 강조를 표현)
⑥ 회화에 있어서의 농담법과 같은 수법으로 화단의 풀꽃을 엷은 빛깔에서 점점 짙은 빛깔로 맞추어 나갈 때 생기는 아름다움 - **점층미**
⑦ 관찰자 시선의 중심선을 기준으로 형태감이나 색채감에서 양쪽의 크기나 무게가 안점감을 줄 때 나타나는 아름다움 - **균형미**
⑧ 모양이나 색깔 등이 비슷비슷하면서도 실은 똑같이 않은 것끼리 모여 균형을 유지하는 것 - **조화미**

정형식 배식의 유형

- 교호식재 (같은 간격으로 어긋나게 식재)
- 집단식재 (군집을 이루어 덮는 형태로 식재)
- 열식 (같은 형태와 종류의 나무를 일정한 간격으로 직선상에 식재)
- 단식 (생김새와 중량감이 우수한 정형수를 단독으로 식재)
- 대식 (시선축의 좌우에 같은 종류 대칭식재)

설계도의 종류

- 시공 후 전체적인 모습을 알아보기 쉽도록 사실적으로 그려 공간 구성을 쉽게 알 수 있는 그림을 조감도 라고 한다.
- 물체를 위에서 내려다 본 것으로 가정하고 수평면 상에 투영하여 작도한 것은 평면도
- 설계도 중에 입체적인 느낌이 나지 않는 도면은 상세도
- 어느 한 방향으로부터 물체에 직각으로 투사한 도면으로 구조물의 외적 형태를 보여주기 위한 도면을 입면도라 한다.
- 설계안이 완공되었을 경우를 가정하여 설계 내용을 실제 눈에 보이는 대로 절단한 면에서 먼 곳에 있는 것은 작게, 가까이 있는 것은 크고 깊이가 있게 하나의 화면에 그린 것을 투시도라 한다.

시설물 상세도 표현기호

- 건설재료의 단면 표시

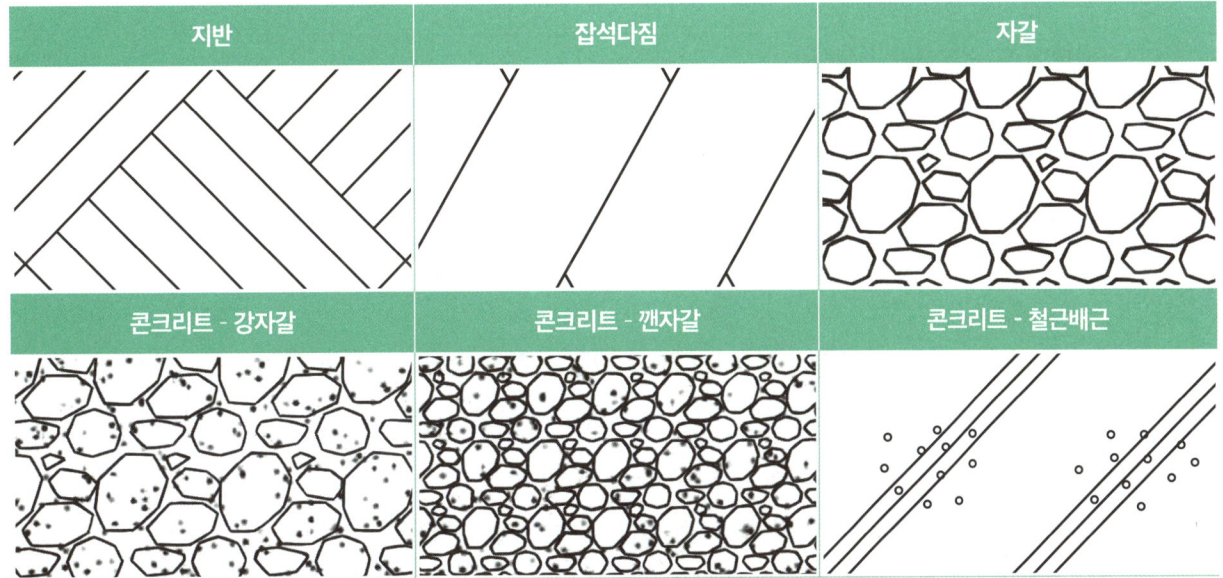

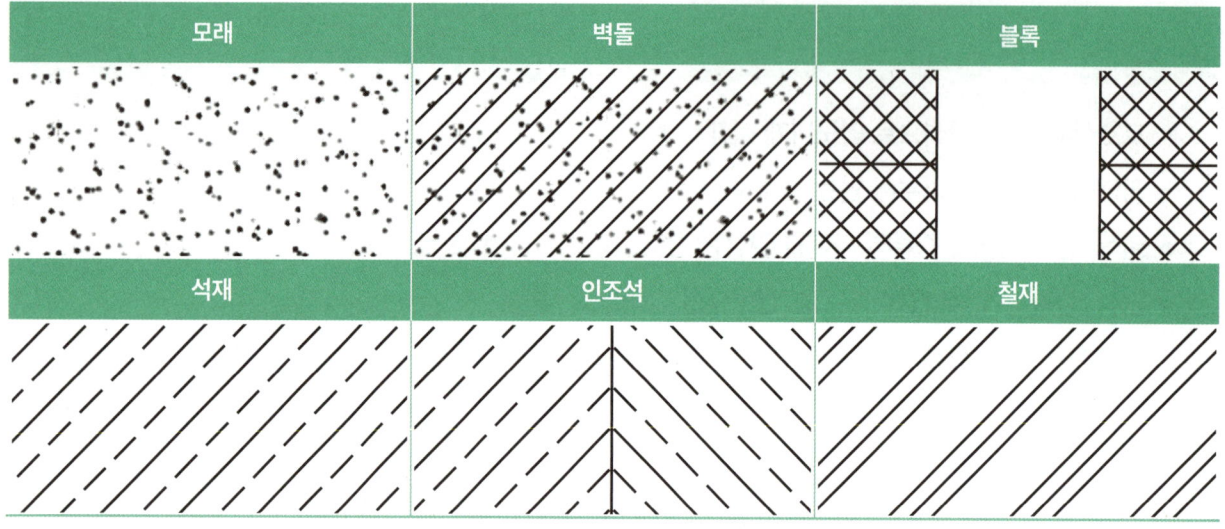

기출예제

❖ 철근을 D13으로 표현 시, D는 무엇을 의미하는가?
▶ 이형철근의 지름

❖ 단면상세도에 철근 D-16@300이라고 적혀 있을 때, @은 무엇을 나타내는가?
▶ 철근의 간격

❖ 수목인출선의 내용이 $\dfrac{5-소나무}{H3.5 \times W2.5}$ 일 때, 틀린 것은?
① 소나무를 5주 심는다는 뜻이다.
② H는 cm단위이다.
③ W는 수관폭을 의미한다.
④ 소나무의 높이는 350cm이다.
• 해설 : 수고 H(높이)의 단위는 m이다.

등고선

① 등고선 상에 있는 모든 점들은 **같은 높이**로 등고선은 **같은 높이의 점들을 연결**한 것
② 등고선은 **급경사지**에서 간격이 **좁고**, **완경사지**에서는 간격이 **넓다**.
③ 높이가 다른 등고선이라도 절벽, 동굴에서는 교차한다.
④ 등고선은 반드시 도면 안이나 밖에서 만나며, **도중에 소실되지 않는다**. (소실된다 (×))
⑤ 지형도에서 **U자모양으로** 그 바닥이 낮은 높이의 등고선을 향하면 이것은 **능선**이다.
⑥ 지형도에서 **V자모양으로** 그 바닥이 높은 높이의 등고선을 향하면 이것은 **계곡**이다.

축척 (스케일 SCALE)

$$\text{길이에 대한 축척} \quad \frac{1}{m} = \frac{\text{도상길이}}{\text{실제길이}}$$

$$\text{면적(넓이)에 대한 축척} \quad \left(\frac{1}{m}\right)^2 = \frac{\text{도상면적}}{\text{실제면적}}$$

❖ 예제 1) 스케일 1/100 축척에서 1cm 의 실제거리는?

① 10cm ② **1m** ③ 10m ④ 100m

- 해설 : 축척 1/100은 도상면적/실제면적으로 도상면적이 1cm라면 실제면적은 100cm(1m)임을 의미한다.

· **정답 : 1m**

❖ 예제 2) 설계 도면에서 표제란에 위치한 막대 축척이 1/200이었다. 도면에서의 1cm는 실제 몇m인가?

- 해설 : $\frac{1}{200} = \frac{\text{도상길이}}{\text{실제길이}} = \frac{1}{X}$ X = 200cm

· **정답 : 2m**

❖ 예제 3) 축척 1/1000의 도면의 단위면적이 16m² 인 것을 이용하여 축척 1/2000의 도면의 단위면적으로 환산하면 얼마인가?

$$\text{면적(넓이)에 대한 축척} \quad \left(\frac{1}{m}\right)^2 = \frac{\text{도상면적}}{\text{실제면적}}$$

- 해설
  - 1/1000에 도면의 도상길이 4m는 1/2000의 도면에서 8m 가 된다.
  - 1/1000의 도면에서의 길이가 축척 1/2000에서는 두배의 실제 거리를 나타내므로, 16m² 의 도상면적은 한변이 4m인 정사각형의 면적이며, 이를 그대로 1/2000의 도상에 가져오면(환산하면) 한변이 8m인 정사각형의 면적을 나타내게 된다. 따라서, 1/1000에서 16m² 의 면적은 1/2000에서 8m X 8m = 64m² 가 된다.

· **정답 : 64m²**

측량

- **평판측량**

    ① **평판측량의 3요소 : 정준, 구심, 표정**
    - ✓ 정준 : 수평 맞추기
    - ✓ 구심 : 중심 맞추기 (편평측량 시 제도용지의 도상점과 땅 위 측점을 동일하게 맞추는 것)
    - ✓ 표정 : 방향 맞추기

    ② **평판측량 방법**
    - ✓ 방사법 : 장애물이 없는 좁은지역에 적합
    - ✓ 전진법 : 장애물이 있어서 평판을 이동시키며 측정
    - ✓ 교회법 : 기지점 또는 미지점에서 2개 이상의 방향선을 그어 그 교차점으로 미지점의 위치를 결정, 거리측정없이 위치 측량

    ③ **평판측량 도구 : 평판, 시준기(엘리데이드), 삼각대, 구심기, 측침, 자침, 줄자 등**

- **수준측량**

    ① **수준측량 : 지표면상 점들의 고저차(level)를 관측하는 것**
    ② **수준측량 도구 : 레벨기, 표척, 야장**
    ③ **후시 : 수준측량용어, 기지점에 세운 표척의 눈금을 읽는 것**

- **항공사진 측량**

    ① 동적인 대상물 측량가능
    ② 분업화로 작업능률성 향상
    ③ 축척 변경이 용이하다.
    ④ 좁은 지역 측량에 부적합
    ⑤ 색조 : 항공사진 측량 시 낙엽수와 침엽수, 토양의 습윤도 등을 판독할 때 활용

- **헤론의 공식**

    > ❖ 예제) 삼각형 세변의 길이가 각각 5m, 4m, 5m일 때 면적은 약 얼마인가?
    > - 세변의 길이를 알고 있을 때 삼각형의 면적(X)를 구하는 방법
    >
    > $X = \sqrt{s(s-a)(s-b)(s-c)}$
    >
    > $s = \dfrac{a+b+c}{2}$ (a+b+c 는 삼각형의 세변) $= \dfrac{5+4+5}{2} = 7$ s = 7
    >
    > $X = \sqrt{7(7-5)(7-4)(7-5)} = \sqrt{7 \times 2 \times 3 \times 2} = \sqrt{84} = 9.16515\cdots$
    >
    > - **정답 : 약 9.2m²**

4. 부문별 조경계획과 설계

주택정원

① **앞뜰** : 대문에서 현관에 이르는 전이공간으로 가장 밝은 공간이 되도록 조성

　　　　가장 공공성이 강하며 주택의 첫인상을 결정한다.

② **안뜰** : 응접실이나 거실 전면에 위치한 뜰로 정원의 중심이 되며, 면적이 넓고 양지바른 공간

③ **작업뜰** : 일반적으로 장독대, 쓰레기통, 창고 등이 설치되는 공간

④ **주택정원의 설계 시 고려사항**

- ✓ 녹지율 30% 이상이 바람직하다.
- ✓ 상록성 교목은 건물 가까이에는 부적당
- ✓ 단지 외곽부에는 차폐 및 완충식재를 한다.
  (but 공간 효율을 높이기 위해 차도와 보도를 인접, 교차시킨다. (×) 분리시킨다. (○))
- ✓ 안전위주 설계, 시공과 관리의 편의성, 재료수급의 용이성 고려
  (but 개성있는 특수재료 사용 (×))

도시공원

① **도시환경에 자연환경과 레크레이션 공간을 제공하며 그 지역의 중심적인 역할을 한다.**

　(but 주변부지의 생산적 가치를 높인다 (×))

② **편익시설** : 주차장, 매점, 화장실, 우체통, 음식점, 약국, 전망대, 음수장, 사진관, 유스호스텔, 합숙시설, 사무실, 대형마트, 쇼핑몰

③ **어린이 공원 설계기준**

- ✓ 유치거리 250m 이하, 규모 1500m^2 이상, 공원시설 부지면적 60% 이하
  (건물면적에 대한 규정, 건폐율은 2009년 폐지되었다.)
- ✓ 어린이 공원에서 피해야 할 수종 : 가시나무, 음나무, 장미, 누리장나무 등

④ **공원규모 기준(도시공원 및 녹지 등에 관한 법률 시행규칙)**

- ✓ 어린이공원 1,500m^2
- ✓ 체육공원 10,000m^2
- ✓ 묘지공원 100,000m^2
- ✓ 광역근린공원 1,000,000m^2

자연공원

- 자연공원 조성 시 가장 중요하게 고려해야 할 요소는 **자연경관 요소**이다.
  (오답 : 미적 요소 (×), 기능적 요소 (×), 인공경관 요소 (×))
- 자연공원법상 자연공원은 국립공원, 도립공원, 군립공원 등이 있다. (생태공원 (×))
- 우리나라 최초의 국립공원은 지리산국립공원 (1967년 지정)

골프장조경

① **골프장 설치 시 고려사항**

교통이 편리한 곳, 골프코스를 흥미롭게 설계 가능한 곳, 부지매입이나 공사비를 절약할 수 있는 곳, 바람과 추위를 피할 수 있는 곳(북사면 보다는 남사면 또는 남동사면이 적당)

② **골프장 용어**
- ✓ **에이프런 칼라** : 그린 주위에 일정폭을 그린의 잔디보다 길게깎아 구분해 놓은 곳
  (오답 : 임시로 그린의 표면을 잔디가 아닌 모래로 마감한 그린 (×))
- ✓ **코스(course)** : 골프장 내 플레이가 허용된 모든 구역
- ✓ **티샷(tee shot)** : 티그라운드(tee ground 출발지점)에서 제1타를 치는 것
- ✓ **헤저드(hazard)** : 모래벙커 및 연못 등의 워터헤저드를 말한다.

③ 골프코스 중 티와 그린사이에 짧게 깎은 **페어웨이 및 러프** 등에서 가장 이용이 많은 잔디는 **들잔디** (밟는 압력(답압)에 잘 견딘다.)

④ **그린**에 주로 식재되어 초장을 4~7mm로 짧게 깎아 관리하는 잔디는 **벤트그래스**

⑤ 골프장 그린에서 잔디의 건강한 생육을 위해 구멍을 뚫어주는 작업을 "**에어레이션 aeration**"이라 하고 이에 쓰이는 장비는 **론 스파이크(lawn spike aerator)**이다.

옥상조경

① **옥상정원의 특징**
- ✓ 토양 수분의 용량이 적다.
- ✓ 토양 온도 변동폭이 크다.
- ✓ 양분의 유실 속도가 빠르다.
- ✓ 바람의 피해를 받기 쉽다.

② **옥상정원의 설계 기준**
- ✓ 건물구조에 영향을 미치는 하중문제를 우선적으로 고려한다.

✓ 열악한 생육환경에 견딜 수 있고, 경관 구조와 기능적인 면을 고려한 수종 선택
✓ 바람, 한발, 강우 등 자연재해로부터의 안전성 고려

③ **옥상조경 인공토양층의 구성**

✓ **방**수층 - **방**근층 - **배**수층 - **토**목섬유 - **육**성토양층 - **식**생층   암기 TIP! **방방배토육식**
✓ 토양층과 배수층 사이에서 토양 여과층의 재료로 토목섬유를 사용한다.

④ 옥상정원에서 식물을 심을 자리는 **전체면적의 1/3을 넘지 않도록** 하는 것이 좋다.

⑤ 옥상 조경면적의 2/3에 해당하는 면적을 대지의 조경면적으로 산정가능

   (단, 옥상 조경면적은 대지조경 면적의 50%까지만 인정)

⑥ 옥상정원 설계 시 고려사항 (하중에 대한 안전에 중점!)

   토양층의 깊이, 방수문제, 하중문제 (오답 : 잘 자라는 수목선정 (×))

⑦ 옥상정원, 인공지반 상단의 식재토양층 조성 시 사용하는 경량재

   버미큘라이트(Vermiculite), 펄라이트(Perlite), 피트(Peat), 화산재

   (오답 : 석회는 무거우므로 부적당)

⑧ **인공지반의 식재토심**

✓ 초화류 및 지피식물 : 일반토심 15cm - 인공토 사용 시 토심 10cm
✓ 소관목 : 일반토심 30cm - 인공토 사용 시 토심 20cm
✓ 대관목 : 일반토심 45cm - 인공토 사용 시 토심 30cm
✓ 교목 : 일반토심 70cm - 인공토 사용 시 토심 60cm

학교조경

① 앞뜰 구역 : 잔디밭이나 화단, 분수, 조각물, 휴게시설 등을 설치한다.
② 가운데 뜰구역 : 면적이 좁은 경우가 많으므로 화목류나 자수화단 등을 설치한다. (교목류 (×))
③ 뒤뜰 구역 : 좁은 경우 음지식물 학습원으로 조성가능
④ 운동장과 교실사이 5~10m의 녹지대를 설치하여 소음과 먼지 차단

생태복원

• 생태복원 재료 : 식생매트, 잔디블럭, 식생자루 (녹화마대 (×))

▣ 도로조경

① 도로식재 시 사고방지 기능을 위한 식재

② 명암순응식재, 시선유도식재, 침입방지식재 (녹음식재 (×))

③ 시선유도식재는 전방도로의 형태를 미리 판단할 수 있도록 알려준다.

④ 고속도로 중앙분리대 식재 시 차광률이 높은 나무 : 향나무, 돈나무, 졸가시나무

▣ 가로수

① 가로수를 심는 목적

> 녹음제공, 도시환경개선, 시선유도, 소음감소, 매연과 분진 흡착 등 (방음 및 방화 효과 (×))

② 가로수로 적당한 수종

> 은행나무, 메타세쿼이아, 느티나무, 가죽나무, 층층나무,
> 칠엽수, 양버즘나무, 회화나무, 벚나무 (무궁화 X)

③ 가로수의 조건
- ✓ 상록수보다는 낙엽수가 좋다.
- ✓ 각종 공해에 잘 견디는 수종
- ✓ 강한 바람에도 잘 견디는 수종
- ✓ 여름철 그늘을 만들고 병해충에 잘 견디는 수종
- ✓ 가로수는 차도와 60~70cm 떨어져 심는 것이 좋다.
- ✓ 가로수의 식재간격은 일반적으로 8~10m이며, 생장이 느린 경우 6m간격

▣ 묘지조경

① 장제장 주변에는 기능상 키가 큰 교목을 식재한다.

② 산책로는 직선보다는 자연스럽게 조성한다. (직선화 (×))

③ 이용자를 위한 휴게시설, 놀이시설도 설치한다.(경건한 분위기를 위해 금지시킨다 (×))

④ 전망대 주변에는 큰 나무를 피하고, 적당한 크기의 화목류를 배치한다.

사적지조경

① 상록교목보다는 낙엽활엽수가 적당하다.

② 사찰과 회랑의 경내에는 수목을 식재하지 않는다.

③ 건축물과 성곽 가까이, 묘역에는 키가 큰 교목은 식재하지 않는다.

④ 궁궐, 절의 건물터에는 잔디를 식재한다.

⑤ 계단은 화강암이나 넓적한 자연석을 이용한다.

⑥ 모든 시설물에는 시멘트를 노출시키지 않는다.

⑦ 휴게소나 벤치는 사적지와 조화를 이루도록 한다.

(오답 : 민가의 안마당에는 교목류를 식재한다 (×) 비워둔다 (○))

5. 조경시설물

휴게시설

파고라 (Pergola 퍼걸러)

① 등나무 등의 덩굴식물을 올려 가꾸기 위한 시렁과 비슷한 생김새를 가진 시설물로 여름철 그늘을 지어준다.
② 일반적 높이 220~260cm로 최대 300cm까지 가능
③ 높이에 비해 길이가 길도록 설계
④ 파고라 설치장소 : 건물에 붙여 만든 테라스 위, 통경선의 끝부분, 주택정원의 구석진 곳
　　　　　　　　　(중앙은 부적당)

의자

① 의자의 길이는 1인당 최소 45cm(2인은 120cm)를 기준으로 하되, 팔걸이 부분의 폭은 제외한다.
② 등받이 각도는 수평면을 기준으로 95~110도를 기준으로 한다.
③ 앉음판의 높이는 34~46cm를 기준으로 하되 어린이용은 낮게 할 수 있다.
④ 체류시간의 고려하여 설계하며, 긴 휴식에 이용될 시 앉음판의 높이는 낮게, 등받이는 길게 한다.

그 밖의 조경시설물

- **아치(arch)** : 가는 철제파이프 또는 각목을 이용 서양식으로 꾸며진 중문으로 간단한 눈가림 구실을 함, 장미 등 덩굴식물을 올려 장식
- **트렐리스(trellis)** : 좁고 얄팍한 목재를 엮어 1.5m 정도의 높이가 되도록 만들어 놓은 격자형의 시설물로 덩굴식물을 지탱하기 위한 것
- 기름을 뺀 나무로 등나무를 올리기 위한 시렁을 만들면 윤기가 나고 색이 변하지 않음
- **테라스** : 거실이나 응접실 또는 식당 앞에 건물과 잇대어서 만드는 시설물
- **울타리** 중 타인의 적극적 침입 방지기능을 위한 울타리 높이는 180cm~200cm
- **미끄럼대** 시공 시 지표면과 미끄럼판 활강부분이 이루는 각도는 35도가 적당

🔲 물의 이용 (동서양 모두 즐겨 사용)

- **정적 이용** : 호수, 연못, 풀장(pool) 등
- **동적 이용** : 분수, 폭포, 벽천, 계단폭포 등
- 벽천은 넓은 면적이 필요하지 않으므로 대규모보다는 소규모 공원, 광장 등에 적합

🔲 분수

- **단일구경 노즐**은 힘찬 물줄기를 만들며, **살수식 노즐**은 조명효과가 크다.
- 공기 흡인식 제트노즐은 공기와 물이 섞여 있는 모습으로 시각적 효과가 크다.
- 분수는 여과를 위한 순환 펌프가 필요하다.

🔲 연못

- 건물과 연못 사이에는 나무를 심어 반사광을 차단한다.
- 건물에 붙어 있는 작연 연못에는 퍼걸러나 등나무 시렁으로 그늘을 만들어 준다.
- 연못의 수면에서 생기는 빛의 반사를 고려한다.
- 수면이 잔잔할 때 연못에 비치는 투영효과를 잘 살릴 수 있도록 한다.
- 일반적으로 연못의 면적은 **정원 전체의 1/9이하**가 적당하며 **최소 1.5㎡ 이상의 넓이**가 바람직하다.

🔲 조명

- **가로조명등의 특징**
  - ✓ **강철 조명등**은 내구성이 강하지만 부식에 약하다.
  - ✓ **알루미늄등**은 부식에 강하고 비용이 저렴하다.
  - ✓ **콘크리트 조명등**은 유지가 용이, 내구성 좋지만, 설치 시 무게로 인해 장비 필요
  - ✓ **나무 조명**은 미관적으로 좋고 초기 유지가 용이하다.
- **연색성** : 형광등 아래에서 물건을 고를 때 외부로 나가면 어떤색으로 보일까 망설이게 되는데 이처럼 조명광에 의해 물체의 색을 결정하는 성질로, 태양광을 기준으로 인공적인 광원을 비추었을 때 색상이 달라 보이는 것
  (**할로겐등**>**백열등**>**형광등**>**수은등**>**나트륨등**) 암기 TIP! 할백형수나
- **조명의 수명** : **수은등**>**형광등**>(저압)**나트륨등**>**할로겐등**>**백열등** 암기 TIP! 수형나할백

- **광원별 특성**
  - **백열등** : 수명이 짧고, 효율은 낮지만 연색성이 좋다.
  - **할로겐등** : 연색성이 좋으며 광색이 백색에 가깝다.
  - **형광등** : 백색-주광색, 설치와 유지비가 저렴하다.
  - **수은등** : 수명이 가장길고 고효율, 연색성은 나쁘다.
  - **나트륨등** : 광질의 특성으로 안개지역, 도로, 터널 조명에 적합, 열효율과 투시성이 좋으나 연색성은 나쁘다.

관수시설

- **잔디밭 관수**
  - **지표관개법** : 흘려주는 것 **살수관개법** : 뿌려주는 것
  - 살수 관개법은 설치비가 많이 들지만, 관수 효과가 높다.
  - **팝업살수기**는 평소에 지표면 아래로 내려가 있다가 **수압에 의해 지면에서 10cm 정도 상승**하여 살수 (오답 : 팝업살수기(pop-up)는 평소 시각적으로 불량하다 (×))
  - 살수기 설계 시 배치 간격은 바람이 없을 때를 기준으로 살수 작동 최대간격을 살수직경의 60~65%로 제한함
- **토목섬유** : 인공지반 조성 시 토양유실 및 배수기능 저하방지를 위해 배수층과 토양층 사이에 분리 여과를 위해 설치한다.
- 도로에 배수관 설치 시 L형 측구 및 U형 측구 끝에 20m마다 우수통로(우수거)를 설치한다.

계단과 경사로

① **계단**
- ✓ 보행로 **경사가 18%를 초과하는 경우** 계단을 설치한다.
- ✓ 표준 단높이 15cm, 단너비 30~35cm
- ✓ 2h + B = 60~65cm
   단높이 : h 단너비 : B
- ✓ 계단의 높이가 **3m를 초과 시 3m 이내에 계단의 유효폭 이상의 폭으로 너비 120cm이상**의 계단 참을 설치한다.

② **경사로**
- ✓ **경사로의 유효폭**은 1.2m이상(부득이한 경우 0.9m)
- ✓ **경사로의 기울기는 1/12(약 8%)** 이하로 (부득이한 경우 1/8 이하)
- ✓ **경사로 길이 1.8m 이상 또는 높이 0.15m 이상인 경우 손잡이를 설치**한다.

주차장 규격

구분	너비	길이
일반용	2.5m 이상	5.0m 이상
장애인 전용	3.3m 이상	5.0m 이상
평행주차	2.0m 이상	6.0m 이상

❖ **노외주차장 구조 및 설비 기준**
- 노외주차장의 입구와 출구에서 자동차의 회전이 쉽도록 차로와 도로가 접하는 부분은 곡선형으로 한다.
- 노외주차장의 출구 부근의 구조는 해당 출구로부터 **2m** 후퇴한 노외주차장 차로의 중심선상 **1.4m** 높이에서 도로의 중심선에 직각으로 향한 왼쪽, 오른쪽 각각 **60도** 범위에서 해당도로를 통행하는 자를 확인할 수 있도록 해야한다.
- 노외주차장의 출입구 너비는 **3.5m** 이상으로 하여야 하며, 주차대수 규모가 **50대** 이상인 경우에는 출구와 입구를 분리하거나 너비 **5.5m** 이상의 출입구를 설치하여 소통이 원활하도록 해야한다.
- 노외주차장에서 주차에 사용되는 부분의 높이는 주차바닥면으로부터 **2.1m** 이상으로 하여야한다.

모래밭

① 어린이를 위한 운동시설로 모래터의 깊이는 30cm 이상으로 안전성을 최우선으로 고려한다.
② 하루에 4~5시간의 햇볕이 쬐고 통풍이 잘되는 곳에 설치
③ 모래밭은 아이들의 안전과 휴식을 고려하여 휴게시설과 가까이 있는 것이 좋다.
④ 모래밭의 가장자리는 방부처리한 목재로 지표보다 높게 모래막이 시설을 설치

음수대

① 표면재료는 청결성, 내구성, 보수성을 고려한다.
② 양지바른 곳에 설치, 가급적 습한 곳 피한다.
③ 음수전의 높이는 성인, 어린이, 장애인 등 이용자의 신체특성을 고려하여 적정높이로 한다.
  (but 유지관리상 배수는 수직배관을 사용한다 (×))

🔲 휴지통

① 통풍이 좋고 건조하기 쉬운 구조, 내화성있는 구조, 쓰레기 수거가 쉽도록 한다.

② 보행 동선을 고려하여 쉽게 이용할 수 있는 위치에 설치

　(but 지저분하므로 눈에 잘 띄지 않는 곳에 설치 (×))

🔲 원로

- 원로의 경사가 18% 초과시 계단으로 공사
- 보행자 2인이 나란이 통행가능한 최소 원로폭은 1.5~2m

6. 조경 수목

▣ 수목의 규격

- **수고 H Height**

    지표면에서 수관 정상까지의 거리로 단위는 m로 나타낸다.

- **수관폭 W Width**

    수관투영면 양단의 직선거리로 단위는 m로 나타낸다.

- **흉고직경 B Breast**

    지표면에서 1.2m 높이에서의 수간직경으로 단위는 cm

- **근원직경 R Root**

    지표면에 접하는 줄기의 직경으로 단위는 cm

- **지하고 BH Brace Height**

    지표면에서 수관의 가장 아래가지까지의 수직높이로 필요시 적용, 단위는 m

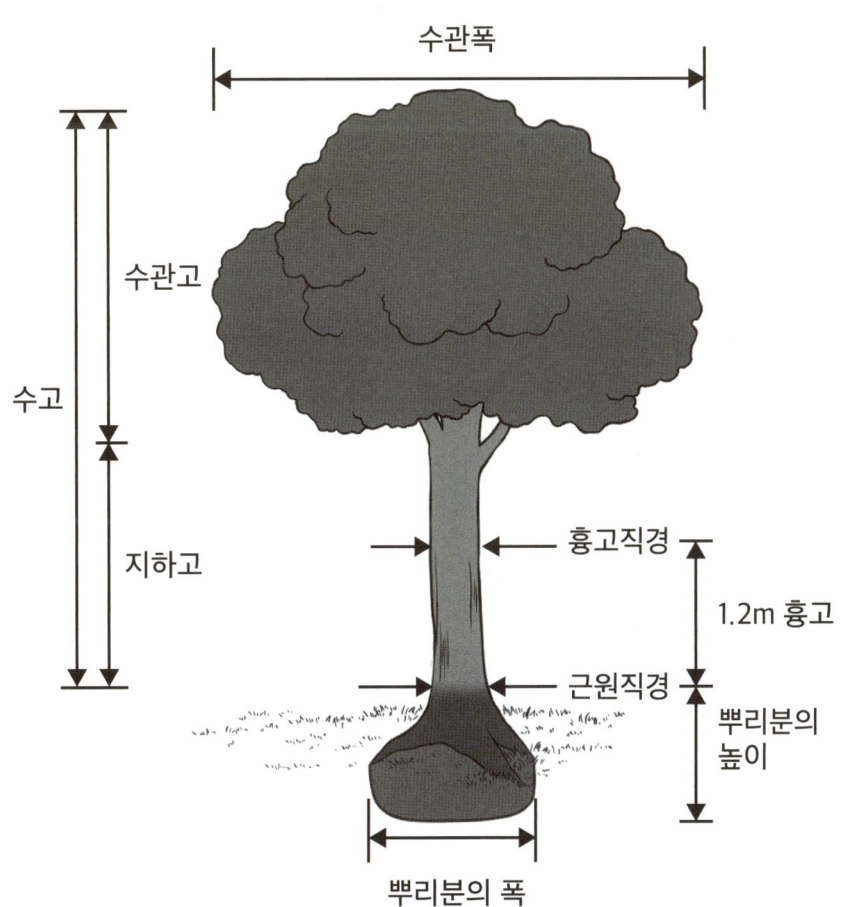

⟨수목의 규격 표시 방법⟩

교목	H × B	교목의 기본적인 표기 방법, 주로 곧은 나무 버즘나무, 은행나무, 왕벚나무, 자작나무, 메타세쿼이아 등	
	H × R	줄기가 갈라지거나 흉고부 측정이 어려운 나무 느티나무, 단풍나무 등 대부분의 활엽수	
	H × W	가지가 줄기 아랫부분부터 자라는 침엽수, 상록활엽수 잣나무, 주목, 편백, 아왜나무, 독일가문비 등	
관목	H × W	수고와 수관폭을 정상적으로 측정가능한 관목 철쭉, 회양목, 사철나무, 진달래, 영산홍, 자산홍 등	
	H × W × 지	줄기 수가 적어 수관폭 측정이 곤란한 경우 가지수로 나타냄, 개나리, 모란 등	
만경류	H, H × R	덩굴성식물, 만경류는 H나 H × R 로 나타냄 (대나무는 H로 표시)	
초화류		분얼(tillering) 또는 포트(pot)로 나타냄	

종자의 번식 방법

① **파종** : 산파(흩어뿌림), 조파(줄뿌림), 점파(점뿌림) 등 종자를 직접 토양에 심는 방법
② **접목** : 접붙이기(grafting), 적응성이 좋은 바탕 나무(대목)에 식물의 일부(접수)를 떼어 붙여 생장시키는 작업
③ **삽목** : 꺾꽂이, 식물의 잎이나 줄기를 잘라 심어 발근시키는 무성생식의 일종
④ **높이떼기** : 고취법, 나무의 줄기나 가지에 인위적으로 상처를 내고 물이끼 등으로 감싸 발근시키는 방법
⑤ **휘묻이** : 살아있는 지상 가지의 일부분을 땅속에 묻어 발근시키는 방법

수목의 분류

① **잎의 생태에 따라 상록수와 낙엽수로 구분**
② **잎의 형태에 따라 침엽수와 활엽수로 구분**

③ 수간(줄기)의 형태에 따라 교목, 관목, 덩굴성 수목으로 구분

- **상록수** : 항상 푸른 잎으로 낙엽이 지더라도 한꺼번에 모두 낙엽이 되지 않는 수목
- **낙엽수** : 낙엽계절이 되면 모든 잎이 낙엽 혹은 고엽이 되는 수목
- **침엽수** : 뾰족한 바늘모양의 잎을 가진 겉씨 식물의 목본류
- **활엽수** : 넓은 잎을 가진 속씨식물의 목본류

- **교목** : 줄기가 곧고 줄기와 가지의 구분이 명확, 수고가 8미터 이상인 나무
- **관목** : 뿌리 부근부터 줄기가 여러갈래로 나와 줄기와 가지의 구분이 명확하지 않은 수고가 높지 않은 나무
- **덩굴성 수목** : 등이나 담쟁이 덩굴 처럼 자립하지 못하고 벽이나 기둥 등 다른 물체를 감거나 부착하여 생장하는 수목

구분		수종
상록 침엽수	상록침엽교목	소나무, 곰솔, 전나무, 향나무, 잣나무, 주목, 독일가문비, 구상나무, 비자나무, 삼나무 등
	상록침엽관목	눈향나무, 개비자, 설악눈주목 등
상록 활엽수	상록활엽교목	가시나무, 태산목, 후박나무, 동백나무, 아왜나무, 굴거리나무, 먼나무 등
	상록활엽관목	돈나무, 남천, 회양목, 호랑가시나무, 사철나무, 광나무, 식나무 등
낙엽 활엽수	낙엽활엽교목	자귀나무, 자작나무, 느티나무, 백목련, 모과나무, 양버즘나무, 백합나무, 층층나무, 산수유, 회화나무, 아까시나무, 살구나무, 호두나무 칠엽수, 탱자나무, 왕벚나무, 서어나무, 배롱나무, 단풍나무, 이팝나무 감나무, 대추나무 등
	낙엽활엽관목	화살나무, 황매화, 수국, 생강나무, 철쭉, 산철쭉, 무궁화, 모란, 장미, 해당화, 쥐똥나무, 미선나무, 흰말채나무, 명자나무, 조팝나무 등
덩굴성 식물	상록덩굴식물	송악, 인동덩굴, 멀꿀, 마삭줄 등
	낙엽덩굴식물	등, 으름덩굴, 머루, 오미자, 노박덩굴, 능소화, 담쟁이덩굴 등

<관상하는 부분에 따른 분류>

적색단풍		단풍나무, 붉나무, 감나무, 화살나무, 마가목, 낙상홍, 산딸나무, 옻나무, 담쟁이덩굴
황색단풍		은행나무, 고로쇠나무, 계수나무, 생강나무, 칠엽수, 벽오동, 자작나무, 백합나무
봄꽃	적	동백나무, 명자나무, 박태기나무, 진달래, 철쭉, 홍매화
	백	백목련, 이팝나무, 산사나무, 옥매, 왕벚나무, 수수꽃다리
	황	개나리, 산수유, 생강나무, 황매화, 풍년화
	자	등, 자목련
여름꽃	적	장미, 배롱나무, 자귀나무, 무궁화
	백	산딸나무, 층층나무
	황	능소화
	자	수국, 모란, 정향나무, 무궁화
가을꽃	적	싸리, 부용, 무궁화
	백	호랑가시나무
	황	금목서
	자	싸리
겨울꽃	적	매실나무, 오리나무
	백	팔손이, 호랑가시나무(남부수종)
	황	풍년화
붉은 열매		주목, 낙상홍, 파라칸타, 팥배나무, 마가목, 산수유, 남천, 대추나무, 감나무, 감탕나무, 자금우, 식나무, 자두나무, 오미자, 석류나무
황색 열매		살구나무, 복숭아나무, 모과나무, 은행나무, 탱자나무, 매실나무
흑색 열매		생강나무, 쥐똥나무, 팔손이, 왕벚나무
자색 열매		작살나무, 개머루, 노린재나무
백색계 줄기		백송, 자작나무, 분비나무, 서어나무, 버즘나무, 동백나무
얼룩무늬 줄기		모과나무, 배롱나무, 노각나무

〈생장속도에 따른 분류〉

생장이 느린 나무	주목, 비자나무, 향나무, 먼나무, 꽝꽝나무, 굴거리나무, 동백나무, 호랑가시나무, 다정큼나무, 감나무, 모란, 낙상홍, 매실나무, 마가목, 서향, 회양목, 모과나무, 함박꽃나무
생장이 빠른 나무	독일가문비, 낙우송, 대왕송, 삼나무, 소나무, 일본잎갈나무, 편백, 곰솔, 개잎갈나무, 태산목, 후박나무, 아왜나무, 사철나무, 칠엽수, 양버즘나무, 보리수나무, 수국, 조팝나무, 화살나무, 해당화, 광나무, 식나무, 팔손이, 가죽나무, 은행나무, 일본목련, 자작나무, 층층나무, 무궁화, 왕벚나무, 버드나무류, 붉나무, 생강나무, 회화나무, 단풍나무, 산수유, 박태기나무, 명자나무, 돈나무
맹아력이 강한 수종 *맹아력:줄기나 가지에 상해를 입으면 새로운 눈이 자라나 싹이 나오는 힘	낙우송, 메타세쿼이아, 회양목, 칠엽수, 졸참나무, 위성류, 능수버들, 피나무, 쥐똥나무, 화상나무, 피라칸타, 병꽃나무, 회화나무, 양버들, 왕버들, 매화나무, 무궁화, 수수꽃다리, 개나리, 낙상홍, 비자나무, 삼나무, 가시나무, 굴거리나무, 일본잎갈나무, 개잎갈나무, 광나무, 꽝꽝나무, 호랑가시나무, 가중나무, 느티나무 • 맹아력이 강한 수종은 전정에 견디는 힘이 강해 형상수(토피어리)나 산울타리용으로 적합

〈이용 목적에 따른 분류〉

녹음식재	지하고가 높은 활엽수 잎이 크고 밀생하여 그늘 형성에 적합	느티나무, 버즘나무, 은행나무, 회화나무, 칠엽수, 백합나무, 벽오동
차폐식재	지하고가 낮고 밀생하며 아랫가지가 말라죽지 않고 전정에 강한 상록수종 은폐 및 시선 차단 목적	주목, 측백나무, 향나무, 사철나무, 꽝꽝나무, 쥐똥나무, 개나리, 회양목, 탱자나무, 무궁화, 돈나무, 아왜나무
방음식재	지하고가 낮고 수직방향 밀생하는 상록교목 도로변 배기가스 및 공해에 강한 수종	사철나무, 광나무, 식나무, 아왜나무, 녹나무, 동백나무, 구실잣밤나무, 개잎갈나무, 회화나무, 피나무, 호랑가시나무
방풍식재	바람에 꺾이지 않고 지엽이 치밀한 심근성 상록수종	곰솔, 삼나무, 가시나무류, 편백, 후박나무, 녹나무, 은행나무, 아왜나무, 사철나무, 참나무, 전나무
방화식재	잎이 두껍고 밀생, 함수량이 큰 상록수	광나무, 식나무, 아왜나무, 가시나무, 사철나무, 은행나무, 굴참나무
지표식재	상징성, 유인성, 식별성을 가진 관상가치가 큰 수목	소나무, 독일가문비, 메타세쿼이아, 주목, 회화나무, 은행나무, 느티나무
지피식재	지표피복을 통한 침식방지, 미적효과 키가작고 답압에 강하며 생장과 번식이 왕성한 상록성 다년생 수종	잔디류, 맥문동, 조릿대, 원추리

📖 양수와 음수

- **양수** : 생장가능 광선량이 전 광선량의 70%

  암기 TIP! 아래 시처럼 외우자!

  > 포플러 튤립 쥐똥 향 층층(한데)
  > 측은(히) (얼굴) 붉히자
  > 밤배벚삼오 무등산위 오이자주낙소

  포플러나무, 플라타너스, 튤립, 쥐똥나무, 향나무, 층층나무,
  측백나무, 은행나무, 붉나무, 히말라야시다, 자귀나무
  밤나무, 배롱나무, 벚나무, 삼나무, 오동나무, 무궁화, 등, 산수유, 위성류,
  오리나무, 이팝나무, 자작나무, 주엽나무, 낙엽송, 소나무,
  (그 밖에 개나리, 메타세쿼이아, 모과나무, 조팝나무, 석류나무, 철쭉,
  느티나무, 가중나무, 참나무류, 백목련 등이 있다.)

- **음수** : 생장가능 광선량이 전 광선량의 50%

  > 독일회사 주식 팔후 나주개
  > 너도 전가문 녹칠 함단서

  독일가문비, 회양목, 사철나무, 주목, 식나무, 팔손이, 후박나무, 나한백, 주목, 개비자,
  너도밤나무, 전나무, 가문비나무, 녹나무, 칠엽수, 함백, 단풍나무, 서어나무,
  (그 밖에 자금우, 송악, 맥문동, 회양목, 굴거리나무 등도 음수다.)

📖 추위에 잘 견디는 내한성 수종

계수나무, 독일가문비나무, 마가목, 목련, 은행나무, 화살나무, 네군도단풍, 일본잎갈나무, 자작나무,
잣나무, 전나무, 주목, 양버즘나무, 피나무, 박태기나무, 수수꽃다리, 쥐똥나무, 진달래, 철쭉, 개나리

척박지에 잘 견디는 수종

소나무, 향나무, 곰솔, 버드나무, 능수버들, 자귀나무, 졸참나무, 자작나무, 등, 노간주나무, 보리수나무, 아카시아, 상수리나무

❖ **영구위조점** : 시들어버린 식물에 다시 물을 주어도 회복하지 못하는 위조점, 영구위조 시 토양의 함수량 모래 2~4%, 진흙 35~37%

토심에 따른 수종

심근성 수종	소나무, 전나무, 곰솔, 주목, 일본목련, 동백나무, 느티나무, 백합나무, 백목련, 후박나무, 잣나무, 태산목, 종가시나무, 섬잣나무, 상수리나무, 은행나무
천근성 수종	독일가문비, 일본잎갈나무, 자작나무, 버드나무, 아까시아, 포플러, 현사시나무, 편백나무, 매실나무

식재토심

구분	생존최소토심	생육최소토심 (토양등급:중급이상)
잔디 및 초화류	15cm	30cm
소관목	30cm	45cm
대관목	45cm	60cm
천근성 교목	60cm	90cm
심근성 교목	90cm	150cm

바람에 약한 나무

미루나무, 아까시나무, 양버들

아황산가스에 강한 수종

암기 TIP! 플후까시 은사벽

플라타너스, **후**박나무, **가시**나무, **가**이즈카향나무, **은**행나무, **사**철나무, **벽**오동, 비자나무, 편백나무, 향나무, 구실잣밤나무, 꽝꽝나무, 광나무, 돈나무, 동백나무, 식나무, 팔손이, 회화나무, 사시나무, 층층나무, 버드나무, 자귀나무

아황산가스에 약한 수종

암기 TIP! 삼소전자 느티독

삼나무, **소**나무, **전**나무, **자**작나무, **느티**나무, **독**일가문비나무, 백합나무, 벚나무, 단풍나무, 매실나무, 반송, 개잎갈나무, 감나무

염분에 강한 수종 (내조성이 강한 수종)

❖ 염분 한계농도 : 수목 0.05%, 잔디 0.1%

비자나무, 주목, 감탕나무, 먼나무, 아왜나무, 광나무, 꽝꽝나무, 금목서, 돈나무, 편백나무, 곰솔, 노간주나무, 향나무, 측백, 가이즈카향나무, 식나무, 동백나무, 회양목, 아카시아, 벽오동, 팔손이, 느티나무, 참나무, 감나무, 호두나무, 배롱나무, 무궁화, 매자나무, 탱자나무, 참느릅나무, 칠엽수, 팽나무. 담쟁이덩굴, 등, 마삭줄, 멀꿀, 인동덩굴, 송악, 모람, 위성류, 때죽나무, 대추나무, 노박덩굴

잔디의 특성

난지형 잔디 생육온도 25~35도 원산지 : 아시아, 아프리카, 남미	들잔디 금잔디 비단잔디 갯잔디 버뮤다그래스	5개월정도 녹색	5월~6월 파종 낮게 자라며, 뿌리가 깊고 건조에 강함. 내답압성 크고 고온에 잘 견딤 주로 영양번식 병해보다 충해에 약하다.
한지형 잔디 생육온도 15~25도 원산지 : 대부분 유럽 지역	켄터키블루그래스 벤트그래스 톨 훼스큐 페레니얼라이그래스 이탈리안그래스	9개월정도 녹색	녹색기간이 길고 뿌리가 얕다. 내한성은 강하나, 내건조성, 내답압성 약하다. 주로 종자파종으로 번식 충해보다 병해에 약하다.

① **들잔디** : 한국잔디 대부분을 차지하며 내마모성이 우수하여 운동경기장에 사용, 생장은 느린편, 하루 최소 4시간 이상의 일조량을 요구한다.
② **버뮤다그래스** : 서양잔디 중 유일한 난지형 잔디, 생장이 빠르고 내한성 양호
③ **벤트그래스** : 잔디 중 가장 품질이 좋아 골프장 그린으로 사용, 병충해에 가장 약하다.
④ **켄터키블루그래스** : 내음성이 비교적 좋고 서늘한 기후에서도 품질 유지, 손상 시 회복력이 좋아 골프장 페어웨이로 많이 사용한다.
⑤ **톨 훼스큐** : 질감이 거칠고 척박지에 잘 견디며, 조성속도가 빠르고 뿌리가 깊어 비탈면 녹화에 이용
⑥ **페레니얼라이그래스** : 내답압성 좋고, 발아속도와 잔디조성 속도가 빨라 골프장 러프나 경기장, 비탈면에 적합

초화류의 종류

한해살이 (1,2년생)	맨드라미, 샐비어, 나팔꽃, 코스모스, 채송화, 팬지, 피튜니아, 과꽃, 백일홍, 스위트 앨리섬, 금어초, 금잔화
여러해살이 (다년생)	베고니아, 국화, 부용, 도라지
알뿌리 초화류 (구근류)	칸나, 달리아, 수선화, 히아신스, 백합, 크로커스, 튤립
수생 초화류	수련, 연, 창포류, 붕어마름

수목파트 빈출문장정리 52

01 임해공업 단지 공장조경에는 광나무가 적합하다.

02 은행나무 (H x B)는 수목의 굴취 시 흉고직경에 의한 식재품 적용에 적합한 수종이다.

03 주목은 수목 규격표시할 때 수고와 수관폭으로 표시하는 것이 좋다.

04 배롱나무는 높이떼기 번식 사용에 적합하다.

05 무궁화, 개나리, 꽝꽝나무, 동백나무, 철쭉은 삽목으로 발근이 잘된다.

06 오리나무는 일반적으로 삽목 시 발근이 잘되지 않는다.

07 산수유, 산딸나무는 굴취 시 근원직경을 측정하여 규격을 표시하는 수종이다.

08 플라타너스는 아황산가스(SO_2)에 잘 견디는 낙엽교목이다.

09 함박꽃나무, 서향, 목서, 매실나무, 장미 등은 조경수목 선정 시 꽃의 향기가 주가 되는 나무다.

10 꽝꽝나무는 건조지와 습지 모두 잘 견디는 수종이다.

| 11 | 자작나무는 배수가 잘 되지 않는 저습지대에는 부적합하다. |

| 12 | 버드나무류는 낙엽활엽 교목으로 천근성이며 바람에 잘 넘어지고 전정시 수형미가 깨지기 쉬우므로 주의해야하는 수종이다. |

| 13 | 향나무는 차량 소통이 많은 곳에 녹지 조성 시 가장 적당한 수종이다. |

| 14 | 목련은 이식이 어렵다. |

| 15 | 버즘나무, 칠엽수, 태산목 등은 질감이 거칠어 큰 건물이나 서양식 건물에 잘 어울린다. |

| 16 | 잔디 식재 시 표토의 최소 토심(생육최소깊이)은 30cm가 적합하다. |

| 17 | 가중나무는 수분요구도가 낮아 건조지에 잘 견딘다. |

| 18 | 낙우송, 물푸레나무, 대추나무는 물을 좋아하는 호습성 수종이다. |

| 19 | 수목 기하학적인 모양으로 수관을 다듬어 만든 수형을 형상수라 한다. |

| 20 | 토피어리 형상수로는 주목, 회양목, 꽝꽝나무 등 맹아력이 강한 수종이 적합하다. |

| 21 | 금목서는 정원 내 식재 시 10월 경에 향기가 가장 많이 느껴지는 수종이다. |

| 22 | 향나무, 주목, 비자나무는 생장 속도가 아주 느리다. |

| 23 | 자작나무는 관상부위가 주로 백색 줄기이다. |

| 24 | 붉은 고로쇠나무는 가을에 단풍이 노란색으로 물든다. |

| 25 | 조팝나무는 열매를 감상하기 위해 식재하는 수종이 아니라, 꽃을 감상하기 위한 수종이다. |

| 26 | 백합나무, 고로쇠나무는 황색 단풍이 아름다운 수종이다. |

| 27 | 겨울철 흰눈을 배경으로 줄기를 감상하려고 한다면 흰말채나무가 적당하다. |

| 28 | 붉나무, 감나무, 화살나무는 붉은색 단풍이 드는 수목이다. |

| 29 | 잣나무는 1속에서 잎이 5개 나오는 수종이다. |

| 30 | 한국 잔디류에는 들잔디, 금잔디, 비로드 잔디있다. |

| 31 | 이팝나무는 교목, 원추리는 관목이 아니라 초본류이다. |

| 32 | 삼나무는 낙우송과이다. |

| 33 | 태산목, 튤립나무, 함박꽃나무는 목련과이다.
(은사시나무(현사시나무)는 버드나무과, 후박나무는 녹나무과이다.) |

| 34 | 남천, 산수유, 화살나무는 10월경에 붉은 계열의 열매가 관상 대상인 수종이다. |

| 35 | 신나무, 복자기, 고로쇠나무는 단풍나무과이다. |

| 36 | 개나리, 산수유, 백목련은 꽃이 먼저피고, 잎이 나중에 난다. (수수꽃다리 (×)) |

| 37 | 배롱나무, 능소화는 여름철에 꽃을 볼 수 있는 나무이다. |

| 38 | 녹나무는 상록활엽수 이면서 교목인 수종이다. |

| 39 | 여름의 연보라 꽃과 초록 잎, 가을에는 검은 열매를 감상하기위한 지피식물은 맥문동 |

| 40 | 봄철에 꽃을 가장 빨리 보려면 매화나무가 적당하다. (개화시기 : 2~3월) |

| 41 | 개나리, 산수유, 생강나무는 이른 봄(3월)에 노란색으로 개화하는 수종이다. |

| 42 | 무궁화, 능소화, 배롱나무는 당년에 자란 가지에서 꽃이 핀다.(무능배) |

| 43 | 위성류는 활엽수이지만 잎의 형태가 침엽수와 같아서 조경적으로 침엽수로 이용한다. |

| 44 | 박태기나무는 조경수 중 곡선형 정형으로 타원형 G의 형태를 갖는 수종이다. |

| 45 | 1년내내 푸른 잎을 달고 있으며, 잎이 바늘처럼 뾰족한 나무를 상록침엽수라고 한다. |

| 46 | 눈향나무는 상록 침엽 관목이다. |

| 47 | 회화나무는 조경수 중 자연적인 수형이 구형이다. |

| 48 | 잎갈나무는 낙엽 침엽수이다. |

| 49 | 수목의 흉고직경을 측정하는 것은 윤척 |

| 50 | 지하고 BH란 지표면에서 수관의 맨 아랫가지까지의 수직높이다. |

| 51 | 한국형 잔디는 지피성, 내답압성, 재생력 강하나, 내습력, 내음성은 약하다. |

| 52 | 버뮤다그래스는 대표적인 난지형잔디로 내답압성이 크며 관리가 용이하다. |

7. 식재공사

1 수종별 이식 시기

1) 낙엽수류

- 가을 이식(추식) : 대체로 낙엽을 완료한 시기 10월 ~ 11월 중순
- 봄 이식(춘식) : 대체로 해토(땅이 녹는 시기) 직후부터 4월 상순까지가 최적기

2) 상록활엽수류

- 이식 적기는 3월 상순 ~ 4월 중순
- 동백, 사철, 가시나무 - 추위에 대한 저항력 부족
- 추위에 약한 수종의 경우 6 ~ 7월 기온과 습도가 높을 때
- 추위에 강한 수종의 경우 4월, 9~10월까지 적당

3) 침엽수류 - 주목, 향나무는 연중 이식 가능

- 3월 중순부터 4월 상순까지가 적기 (소나무, 전나무)
- 9월 하순 ~ 11월 상순까지 이식 가능
- 덩굴장미의 경우 한겨울 이식이 가능하다.

4) 뿌리돌림이란?

① 뿌리분에 미리 새로운 잔뿌리(세근)을 발달시켜 이식 후 활착율을 높이기 위한 작업
② 부적기에 이식한 수목의 건전한 육성과 개화결실 촉진
③ 노목 또는 쇠약한 나무의 수세 회복
④ 노목은 2~4회 나누어 연차적으로 실시 (한번에 끝낸다 (×))
⑤ 뿌리돌림 시기 : 이식하기 6개월~1년 전 (해토직후 3월중순부터 4월상순이 적당)
⑥ 분의 크기는 근원직경의 3~5배 (일반이식은 4배 적용), 깊이는 너비의 1/2 이상

⑦ 뿌리돌림 전 수목이 흔들리지 않도록 지주목을 설치하는 것도 좋다.
⑧ 굵은 뿌리를 3~4개 정도 남겨둔다.
⑨ 굵은 뿌리 절단 시 톱으로 깨끗이 절단한다.
⑩ 남겨 둘 곧은 뿌리는 15~20cm 폭으로 환상박피한다.
⑪ 절단, 박피 후 새끼줄로 강하게 감고, 분 밑부분 잔뿌리 제거
⑫ 흙 되메우기는 토식으로 물주입 절대 금지
⑬ 정지 전정 실시 (상록활엽수 2/3, 낙엽수 1/3 가지치기 실시)

5) 수목의 총중량 = 지상부 중량 + 지하부 중량

- 지하부(뿌리분) 중량 W = V x K (V는 뿌리분 체적, K는 뿌리분의 단위체적 중량)

2 수목의 굴취

1) 뿌리분

- 뿌리분의 일반적 크기는 근원직경의 4 ~ 6배, 깊이는 너비의 1/2 이상

> 뿌리분의 지름 구하는 공식(cm) A = 24 + (N - 3) × d
> (A는 뿌리분의 직경, N은 근원직경, d는 상수 : 상록수 = 4, 낙엽수 = 5)
> 예) 느티나무의 근원직경이 23cm인 경우, 뿌리분의 지름은?
>   24 + (23 - 3) × 5(느티나무는 낙엽수, 상수 5를 적용) = 124cm(뿌리분의 지름)

- 뿌리분에는
  ① 접시분 : 천근성 수종에 적합
  ② 보통분 : 일반 수종에 적합
  ③ 조개분 : 심근성 수종에 적합

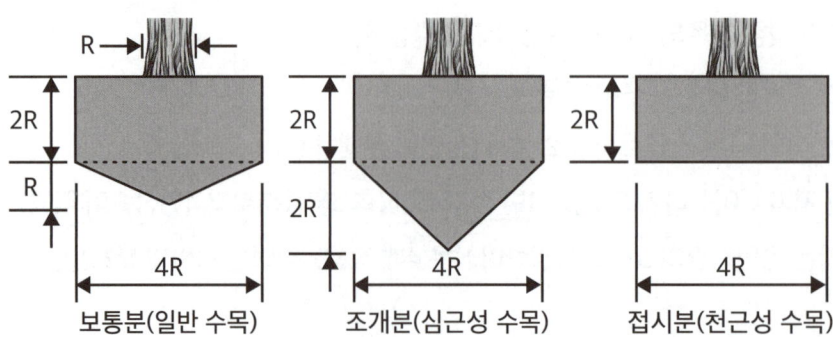

2) 수목 굴취

- 옮겨 심을 나무는 그 나무의 뿌리가 퍼져있는 위치의 흙을 붙여 뿌리분을 만드는 방법과 뿌리만을 캐내는 방법이 있다. 일반적으로 크기가 큰 수종, 상록수, 이식이 어려운 수종, 희귀한 수종 등은 뿌리분을 크게 만들어 옮긴다.

- **굴취해 온 나무 가식 장소 선정**
  ① 식재지에서 가까운 곳
  ② 배수가 잘되는 곳
  ③ 그늘진 곳 (햇빛이 드는 양지바른 곳 (×))
  ④ 사질 양토나 양토 (점토질 (×))
  ⑤ 나무가 쓰러지지 않도록 세우고 뿌리분에 흙을 덮는다.
  ⑥ 필요한 경우 관수 시설 및 수목 보양시설을 갖춘다.
  ⑦ 공사에 지장이 없는 곳에 감독관의 지시에 따라 선정

- **수목 굴취 후 옮겨심기 순서**

  > 구덩이 파기 - 수목넣기 - 2/3 정도 흙채우기 - 물부어 막대기 다지기 - 나머지 흙채우기

- **수목 식재 후 관리 사항**
  ① 지주세우기   ② 전정   ③ 가지치기 (뿌리돌림 (×))

- **바람에 대한 이식 수목의 보호조치**
  ① 큰 가지치기   ② 지주세우기   ③ 방풍막 치기 (수피감기 (×))

3) 수목의 운반

- **큰 나무나 장거리 운반 시**
  ① 줄기에 새끼줄이나 거적으로 감싸 운반 도중 물리적 상처로부터 보호
  ② 밖으로 넓게 퍼진 가지는 가지런이 여미어 새끼줄로 묶어준다.
  ③ 장거리 운반 시 뿌리분을 거적으로 다시 감싸주고 새끼줄 또는 고무줄로 묶어준다.
  ④ 나무를 싣는 방향은 뿌리분이 반드시 트럭의 앞쪽으로 오도록하여 가지 손상을 줄인다.
  ⑤ 대형수목 운반 장비 : 체인블록, 크레인, 백호우 (드랙라인 (×) : 토사 긁을 때)
  ⑥ 차량 이동시 뿌리부분은 안쪽(적재함 앞쪽)에, 가지부분은 반드시 차량 뒤쪽을 향하게 한다

• **새끼 줄로 뿌리분 감는 방법**

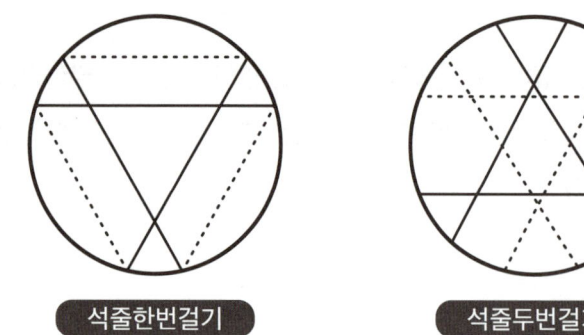
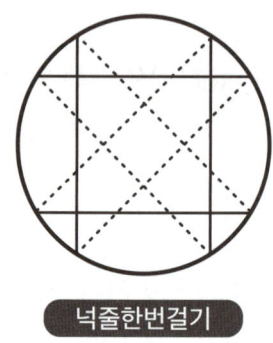

석줄한번걸기   석줄두번걸기   넉줄한번걸기

4) 잔디파종

① 1ha 당 잔디종자는 약 50~150kg 정도 파종
② 파종시기 : 난지형 잔디는 5~6월 초순, 한지형 잔디는 9~10월 또는 3~5월 경이 적기
③ 파종방법 : 종자를 반으로 나누어 종방향, 횡방향으로 파종하고 얇게 복토한다. (두껍게 복토 (×))
④ 토양 수분 유지를 위해 폴리에틸렌필름이나 볏짚, 황마천, 차광막 등으로 덮어준다.

5) 뗏장 입히는 방법

이음매식재	전면식재	어긋나게 식재	줄붙이기(줄떼식재)

6) 화초류의 식재

① 바람이 없고 흐린 날 실시
② 넓은 면적의 화단은 중심부에서 바깥쪽으로 심어 나간다.
③ 식재한 화초에 그늘이 지도록 작업자는 태양을 등지고 심어 간다.
④ 식재 시 흙을 밟아 굳어지지 않도록 널빤지를 놓는 등 조치한다. (묘를 심은 다음 밟아준다 (×))
⑤ 식재할 곳 1제곱미터 당 퇴비 1~2kg, 복합비료 80~120g을 밑거름으로 뿌리고 20~30cm깊이로 갈아 준다.
⑥ 식재하는 줄이 바뀔 때마다 서로 어긋나게 심는 것이 보기에 좋고 생장에도 유리하다.
⑦ 심기 한나절 전에 관수를 해주면 캐낼 때 뿌리에 흙이 많이 붙어 활착에 좋다.

〈계절별 초화류〉

구분	한해살이화초(여러해살이)	알뿌리화초
봄	팬지, 데이지, 프리뮬러, 금잔화 (꽃잔디, 은방울꽃, 붓꽃)	튤립, 크로커스, 수선화, 무스카리, 히야신스
여름	샐비어, 메리골드, 피튜니아, 백일홍, 봉선화, 색비름, 맨드라미, 채송화, 아게라텀 (리아트리스, 붓꽃, 작약)	글라디올러스, 칸나, 달리아, 백합
가을	샐비어, 메리골드, 피튜니아,백일홍, 코스모스, 토레니아, 맨드라미, 과꽃 (국화, 루드베키아, 프록스)	달리아
겨울	꽃양배추	

평면화단

- 동일한 크기의 초화를 여러가지 무늬로 조화시킨 화단으로 화문화단(카펫화단), 리본화단, 포석화단이 있다. (화문화단 : 가장 규모가 크고 아름다운 화단으로 광장이나 잔디밭 등에 조성, 화려하고 복잡한 문양으로 펼쳐진다.)

입체화단

- 키가 다른 여러가지 화초를 입체적으로 배치하여 관상미를 높인 화단으로 경재화단, 기식화단, 노단화단 등이 있다.
  ① **경재화단** : 담장, 건물, 울타리 등을 배경으로 전면에서만 감상되기 때문에 화단 앞쪽은 키가 작은 것들, 뒤쪽으로 갈수록 큰 초화류를 심는다.
  ② **기식화단** : 화단의 어느방향에서나 관상 가능하도록 중앙부위는 높게, 가장자리는 낮게 조성
  ③ **노단화단** : 경사지를 계단형태로 꾸민 화계와 같은 화단

침상화단

- 관상의 편의를 위해 땅을 1~2m 깊이로 파 내려가 평평한 바닥을 조성하고, 그 바닥에 화단을 조성

8. 조경시공

1 공사의 실시 방식

▣ 직영공사의 특징

① 공사내용이 단순하고 시공과정이 용이한 경우 적합
② 풍부하고 저렴한 노동력, 재료의 보유 또는 구입편의가 있을 때
③ 일반도급으로 단가를 정하기 곤란한 특수한 공사가 필요할 때
④ 공사기간의 연장될 우려가 있어 시간적 여유가 있는 경우 시행 (시급한 준공을 요할 때 (×))
⑤ 발주자의 임기응변의 조치가 쉽다.
⑥ 관리능력이 있을 시 공사비 절감 가능 (관리능력 없을 시 공사비 증대 우려)

▣ 도급방식의 특징

- 도급자에게 경쟁 입찰을 시켜 비교적 경제적이지만 부실시공의 우려가 있다.

▣ 공동도급의 특징

① 대규모 공사에 기술, 자본을 갖춘 회사들이 모여 공동출자회사(Joint Venture)를 만들어, 그 회사로 하여금 공사 주체가 되어 계약을 맺는 방식
② 공사이행의 확실성이 보장되고, 여러 회사 참여로 위험이 분산된다.
③ 대규모 단독 도급 시보다 적자 등의 위험부담이 적다.
④ 둘 이상 업자의 공동 도급으로 자금 부담 경감
⑤ 각 구성원이 공상에 대한 연대책임을 지므로 단독도급에 비해 발주자는 더 큰 안정성을 기대할 수 있음
⑥ 공동도급 구성된 상호간 이해충돌의 우려가 있고, 현장관리가 복잡하다.
⑦ 공사의 하자책임이 불분명하다.

1일 평균 시공량 산정식

- 1일 평균 시공량 = $\dfrac{공사량}{작업가능일수}$ 암기 TIP! 공퍼작

공개 경쟁 입찰 (일반 경쟁 입찰)

- 유자격자는 모두 입찰에 참여할 수 있으며, 균등한 기회를 제공하고, 공사비 등을 절감할 수 있으나 부적격자에게 낙찰될 우려가 있는 입찰방식
- 입찰계약의 순서

> 입찰 공고 - 현장설명 - 입찰 - 개찰 - 낙찰 - 계약

중요 키워드 CHECK POINT!

① **설계자** : 발주자와 설계 용역계약을 체결하고 충분한 계획과 자료를 수집하여 넓은 지식과 경험을 바탕으로 시방서와 공사내역서를 작성하는 자

② **공사 현장 대리인** : 공사현장의 공사 및 기술관리, 기타 공사업무 시행에 관한 모든 사항을 처리하여야 할 사람

③ **공정계획** : 계약된 기간 내에 모든 공사를 가장 합리적이고 경제적으로 마칠 수 있도록 공사의 순서를 정하고 단위공사에 대한 일정을 계획하는 것

④ **막대그래프(횡선식 공정표)** : 작성이 간단하며 공사 진행의 결과나 전체 공정 중 현재 작업의 상황을 명확히 알수 있어 공사규모가 적은 경우 많이 사용하고, 간단하거나 시급한 공사에도 많이 적용되는 개략적인 공정 표시방법

⑤ **네트워크 공정표** : 대형공사나 복합적 관리가 필요한 공사에 주로 쓰이며, 문제점을 사전에 예측가능하고, 공사 통제 기능이 좋다. 일정의 변화를 탄력적으로 대처할 수 있다.

⑥ **데밍의 관리(Deming's Cycle)** : 체계적인 품질관리를 위한 4단계 공정

계획(Plan) - 추진(Do) - 검토(Check) - 조치(Action)

조경공사의 일반적 순서

> 부지지반조성 - 지하매설물설치 - 조경시설물설치 - 수목식재
> 또는
> 터닦기 - 급배수 및 호안공 설치 - 콘크리트공사 - 정원시설물설치 - 식재공사

2 시공관리

① **조경공사 시공 특징** : 어느 공사보다도 많은 공사의 종류를 가지고 있지만 규모가 작아 기계장비의 투입이 곤란하고, 인력이 많은 의존을 하는 편이다. 자연재료 뿐만 아니라 인공재료도 많이 사용한다.
② **시공관리 목표** : 우수한 품질, 공사기간 단축, 경제적 시공 (우수한 시각미 (×))
③ **시공관리 내용** : **공**정관리, **원**가관리, **품**질관리 (하자관리 (×))

> 암기 TIP! 〈공원품〉안에서 시공관리한다.

3 조경재료

조경재료의 분류

- **자연재료** : 수목, 지피식물, 초화류 (생물재료), 자연석
- **인공재료** : 목질재품, 콘크리트, 식생매트

- **생물재료의 특성** : 연속성, 자연성, 조화성, 다양성
- **인공재료의 특성** : 불변성, 가공성

건축재료의 강도에 영향을 주는 요인

- 온도, 습도, 하중속도, 하중시간 (재료의 색 (×))

9. 조경 시설 공사

1 토공사

▣ 토공사 용어

- 성토 (Banking) : 토사를 기준면까지 쌓는 작업
- 절토 (Cutting) : 토사를 굴착하거나 계획면보다 높은 지역의 흙을 깎는 작업
- 정지작업 : 바닥을 시공기준면(F.L)으로 맞추기 위해 성토 및 절토를 하는 작업
- 더돋기 작업 : 가라앉을 것을 예측하여 흙을 계획높이보다 더 쌓는 것(보통 10~15%)
  (예) 2m높이로 마운딩 시 더돋기를 고려 2m 20cm로 쌓는다.

▣ 안식각(Angle of Repose)이란?

- 흙을 쌓았을 때 시간에 따라 자연적으로 붕괴가 일어나 사면이 안정을 이룰 때의 각도
  (보통 흙의 안식각은 30~35도)
- 흙깎기, 흙쌓기의 안정된 비탈을 위해서는 그 토질의 안식각보다 작은 경사를 가지는 것이 중요하다.
- 토질이 건조했을 때 안식각의 순서는 큰 것부터 자갈 > 모래 > 보통흙 > 점토
  (함수율의 영향이 있으나, 입자가 클수록 안식각도 크다)

▣ 조경용 건설장비

① 운반용 장비 : 덤프트럭, 크레인, 지게차, 로더
② 정지작업용 장비 : 모터 그레이더
③ 백호우(back hoe) : 장비보다 낮은 곳을 굴착하는 데 적합, 차(싣기), 도랑파기
  이용 분류상 굴착용 기계이며 굳은 지반이라도 굴착가능, 버킷을 밑으로 내려
  앞쪽으로 긁어 올려 흙을 깎는다.
④ 파워쇼벨(power shovel) : 지면보다 높은 곳의 흙을 굴착
⑤ 드레그라인 : 넓은 면적을 팔 수 있으나 파는 힘이 강력하지는 못하며, 연질지반굴착, 모래채취, 수중
  흙 파 올리기에 이용, 기계가 서 있는 위치보다 낮은 곳 굴착에 용이

흙깎기 공사 시 유의사항

① 보통 토질에서 흙깎기 경사를 1 : 1 정도로 한다.
② 작업물량이 기준보다 작은 경우 장비보다 인력을 동원하는 것이 경제적이다.
③ 식재공사가 포함된 경우 지표면 표토를 보존하여 식물생육에 유용한다.

비탈면 보호방법

- 식생자루공법, 콘크리트격자블럭공법, 식생매트공법, 비탈면 앵커(Anchor)공법 (비탈깎기 공법 (×))

경사면(slope)의 안정계산 시 고려 요소

- 흙의 점착력, 흙의 단위중량, 흙의 내부마찰각 (흙의 간극비 (×))

2 콘크리트 공사

시멘트의 구성

- 시멘트는 석회석과 점토(진흙), 슬래그(광석찌꺼기)에 응결지연제로 생석고를 넣고 소성하여 분쇄한 것
  ❖ 생석고 첨가이유 : 시멘트의 급격한 응결을 조정(지연)하기 위해

> 콘크리트가 단단히 굳어지는 것은 시멘트와 물의 화학반응에 의한 것
> - 시멘트 페이스트 : **시멘트**와 **물**이 혼합된 것 시물
> - 모르타르 : **시멘트**와 **모래**, **물**이 혼합된 것 시모물

키워드 CHECK POINT!

- 시멘트의 비중 : 3.05~3.18
- 단위용적중량 : 보통 1,500kg/m³
- 수화작용 : 시멘트에 물을 넣었을 때 시간이 흐름에 따라 시멘트풀에서 유동성이 사라지고 굳어지는 일련의 화학반응 과정(수화열 발생)

- **응결작용** : 수화작용에 의해 굳어지는 상태(수화반응 1시간 후 시작~10시간 이내)
- **경화** : 응결 후 시간이 지남에 따라 구조가 치밀해지고 강도도 커지는 상태

시멘트의 저장

① 출입구 채광창 이외 환기창 두지 않는다.

② 벽이나 바닥 지면에서 30cm 이상 떨어진 위치에 쌓는다.

③ 13포 이상 포개서 쌓지 않는다.

④ 3개월 이상 저장한 시멘트나 습기를 받은 시멘트는 사용 전 시험을 한다.

⑤ 덩어리가 생기기 시작한 시멘트는 사용하지 않는다.

시멘트 저장창고 면적 계산

$$창고면적\ K = 0.4 \times \frac{A}{n}$$ (A : 총 저장 시멘트, n : 쌓기 단수)

(예) 시멘트 500포대를 저장할 수 있는 가설창고의 최소 필요면적은? (단, 쌓기 단수는 13단)

창고면적 $K = 0.4 \times \frac{500}{13} = 15.3846\cdots$

- **정답 : 15.4m2**

시멘트의 종류

① **포틀랜드 시멘트**
- **보통 포틀랜드 시멘트** : 시멘트 중 간단한 구조물에 가장 많이 사용
- **조강 포틀랜드 시멘트** : 높은 강도가 요구되는 공사, 급한 공사, 추운 때의 공사, 물속이나 바다의 공사에 적합
- **중용열 포틀랜드 시멘트** : 수화발열량 적어 수축, 균열 적으며 조기강도 낮으나 장기강도 크다. 댐공사, 매스콘크리트, 방사선 차단용 콘크리트 등에 사용
- **저열 포틀랜드 시멘트** : 수화열이 낮아 댐공사 등에 사용

② **혼합시멘트**
- **실리카시멘트(포졸란 시멘트)** : 조기강도는 작고 장기강도가 크다. 수화열 적고, 블리딩 현상 적어 매스콘크리트, 해수 등에 저항성 커서 수중콘크리트에 적합, 수밀성 크다.

- **고로 시멘트** : 용광로에서 선철을 제조할 때 나온 광석 찌꺼기를 석고와 함께 시멘트에 섞은 것으로 수화열이 낮고, 투수가 적으며, 내구성이 좋고, 화학적 저항성이 크다.
- **플라이 애시 시멘트** : 장기강도는 보통시멘트를 능가, 건조수축도 보통포틀랜드 시멘트에 비해 적다. 수화열이 보통포틀랜드보다 적어 매스콘크리트용에 적합, 모르타르 및 콘크리트 등의 화학 저항성이 강하고 수밀성이 우수

③ **특수시멘트**
- **알루미나 시멘트** : 조기강도가 크다. (재령 1일에 보통 포틀랜드시멘트의 재령 28일 강도와 비슷함) 산, 염류, 해수 등의 화학적 작용에 대한 저항성이 크며 내화성이 우수하다. 한중콘크리트에 적합

콘크리트 부배합(rich mix 부자배합?)과 빈배합(lean mix 빈곤배합?)

- **부배합** : 표준배합보다 단위 시멘트용량이 많은 것
- **빈배합** : 표준배합보다 단위 시멘트용량이 적은 것
- 콘크리트 용적배합비 1 : 2 : 4 = 시멘트 : 모래 : 자갈의 비율

콘크리트의 일반적 특징

① 모양과 강도를 임의대로 얻을 수 있다.
② 내화 내구성이 강한 구조물을 만들 수 있다.
③ 경화 시 수축에 의한 균열이 발생한다.
④ 압축강도, 내구성, 내화성, 내수성 모두 크며 재료의 획득과 운반이 용이하다.(장점)
⑤ 콘크리트는 인장강도와 휨강도가 약하다.(단점, 인장강도가 압축강도의 1/10)

콘크리트 혼화재와 혼화제

- 혼화재는 배합계산 시 포함(5%)(혼화제는 1% 이하로 소량, 둘은 같은 것 아니다.)
- **혼화재** : 고로슬래그
- **혼화제** : AE제(공기연행제), 감수제(분산제), 응결촉진제
- **지연제** : 운반거리가 먼 레미콘이나 무더운 여름철 서중 콘크리트 시공 시 응결지연에 사용
- **AE제, 감수제** : 혼화제 중 계면활성작용(surface active reaction)에 의해 콘크리트의 워커빌리티, 동결 융해에 대한 저항성 등을 개선시킴
- **염화칼슘(응결경화촉진제)** : 추운 지방이나 겨울철 한중 콘크리트에 사용하여 빨리 굳어지도록 하며 초기 강도를 증진 효과가 있다.

- **팽창제** : 기포제 형태로 경량화 및 단열을 위해 사용

좋은 골재의 요건

① 골재 표면이 깨끗하고 유해 물질이 없을 것
② 골재의 강도는 시멘트의 강도보다 강할 것
③ 납작하거나 길지 않고 구형에 가까울 것
④ 굵고 잔 것이 골고루 섞여 있을 것

골재의 입도

① 입도란 크고 작은 골재알이 혼합되어 있는 정도로 체가름 시험에 의해 구할 수 있다.
② 골재 입도시험을 위해 4분법이나 시료분취기에 의해 필요량을 채취한다.
③ 입도가 좋은 골재를 사용하면 콘크리트 공극을 줄여 강도가 커지고 수밀성, 내구성이 향상된다.
④ 입도 곡선은 골재의 채가름 시험결과를 곡선으로 표시한 것으로 표준입도곡선 내에 들어가야 한다.

골재의 '표면 건조 포화상태'란?

- 골재 표면에는 수분이 없으나 내부의 공극은 수분으로 가득차서 콘크리트 반죽 시에 투입되는 물의 양이 골재에 의해 증감되지 않는 이상적인 상태

골재의 실적률과 공극률

> W는 골재의 단위용적중량 kg/m³, p는 골재의 비중일 때,
>
> 실적률 = $\dfrac{W}{p}$ 공극률(v) = 100(%) - 실적률

(예) 단위 용적중량이 1.65t/m³이고 굵은 골재 비중이 2.65일 때 이 골재의 실적률(A)와 공극률(B)은 각각 얼마인가?

(풀이) 실적률 = $\dfrac{W}{p}$ × 100(%) 에서,

= $\dfrac{1.65}{2.65}$ × 100(%) = 62.264…

실적률(A) = 62.3% 공극률(B) = 100 - 62.3 = 37.7%

슬럼프 시험

① 콘크리트 타설 시 시공성을 측정하는 가장 일반적인 방법, 단위는 cm로 콘크리트 치기작업의 난이도를 판단할 수 있다.
② 슬럼프 시험은 반죽질기 측정으로 고깔모양 틀에 재료를 넣고 뒤집어 세웠을 때 흘러내린 정도로 측정한다.
③ 슬럼프값이 너무 높으면(크면) 반죽이 질다는 것으로 슬럼프값에 따라 강도, 내구성, 수밀성, 건조수축, 블리딩, 재료분리 등에 영향을 준다.

중요 키워드 CHECK POINT!

- **워커빌리티(시공성 workability)** : 반죽질기의 정도에 따라 작업의 쉽고 어려운 정도, 재료의 분리에 저항하는 정도를 나타내는 콘크리트의 성질
- **피니시어빌리티(마감성 finishability)** : 굵은 골재의 최대치수, 잔골재율, 잔골재의 입도, 반죽질기 등에 따르는 마무리하기 쉬운 정도를 말하는 굳지 않은 콘크리트의 성질
- **플라스티서티(성형성 plasticity)** : 굳지 않은 콘크리트의 성질을 표시하는 용어 중 거푸집 등의 형상에 순응하여 채우기가 쉽고, 분리가 일어나지 않는 성질
- **블리딩(bleeding)** : 굳지 않은 모르타르나 콘크리트에서 물이 분리되어 위로 올라오는 현상
- **콜드조인트(cold joint)** : 콘크리트 공사의 시공과정 중 휴식시간 등으로 응결하기 시작한 콘크리트에 새로운 콘크리트를 이어서 칠 때 일체화가 저해되어 발생하는 줄 눈
- **서중콘크리트** : 초기 강도 발현은 빠르지만 장기강도 저하가 발생할 수 있으며, 콜드조인트가 발생하기 쉽다. 슬럼프 저하 등 워커빌리티의 변화가 생기기 쉽고, 동일 슬럼프를 얻기 위한 단위 수량이 많아진다. (여름철 하루 평균기온이 25도, 최고기온 30도 초과 시 타설)
- **한중콘크리트** : 겨울철 하루평균 기온이 4도씨 이하로 동결 위험이 존재하는 시기에 주로 사용하며 초기에 보온 양생을 실시한다.
- **프리팩트 콘크리트** : 미리 골재를 거푸집 안에 채우고 특수 탄화제를 섞은 모르타르를 주입하여 골재의 빈틈을 메워 콘크리트를 만드는 형식

콘크리트 균열 방지 방법

① 발열량이 적은 시멘트를 사용
② 슬럼프 값은 작게 한다.
③ 타설 시 내외부 온도차를 줄인다.

④ 시멘트 사용량을 늘리고, 단위수량을 감소시킨다.
(but 시멘트의 사용량을 줄이고, 단위수량을 증가시킨다 (×))

콘크리트 재료의 저장

① 콘크리트에 혼합되는 시멘트의 온도가 너무 높을 때는 50도 정도 이하로 낮춘 다음 사용한다.
② 잔골재 및 굵은 골재에 있어 종류와 입도가 다른 골재는 각각 구분하여 따로 저장한다.
③ 혼화재는 방습적인 사일로 또는 창고 등에 품종별로 구분하여 저장하고, 입하된 순서대로 사용한다.
④ 혼화제는 먼지, 기타 불순물이 혼입되지 않도록 하고, 액상의 혼화제는 분리되거나 변질, 동결되지 않도록, 또 분말상의 혼화제는 습기를 흡수하거나 굳어지는 일이 없도록 저장한다.

콘크리트의 거푸집

① **내수성합판** : 거푸집의 재료로 가장 일반적인 거푸집 재료 내수성 합판
② **철선(반생이)** : 거푸집이나 철근을 묶는데 사용
③ **격리재(세퍼레이터 separater)** : 거푸집 상호간의 간격을 정확히 유지하기 위해 사용
④ **박리제** : 거푸집 설치 시 콘크리트 접합면에 칠하는 것으로 중유, 듀벨, 파라핀합성수지 등을 사용
(식물성 기름 (×))
⑤ **증기보양** : 거푸집을 빨리 제거하고 단시일 내에 소요강도를 내기 위하여 고온, 증기로 보양하는 것으로 한중콘크리트에 유리한 보양법

콘크리트의 측압

• 콘크리트 타설하는 순간 거푸집에 가해지는 압력을 말한다.
① 시공연도가 좋을수록(반죽이 묽다) 측압이 크다.
② 수평부재가 수직부재보다 측압이 작다.
③ 경화속도가 느릴수록 측압이 크다.
④ 붓기속도가 빠를수록 측압이 크다.
⑤ 타설높이가 높을수록 측압이 크다.
⑥ 대기 중 습도가 높을수록 측압이 크다.
⑦ 진동기 사용 시 측압이 크다.

3 목공사

▣ 목재의 일반적 성질

① 섬유포화점 이하에서는 함수율이 낮을수록 강도가 크다.
② 비중이 높을수록 강도가 크다.
③ 열전도율은 콘크리트, 석재에 비하여 낮다.
④ 부패, 충해, 풍해에 약하며 가연성으로 사용에 제약이 있다.
⑤ 흡수성과 신축변형이 크다.
⑥ **목재의 강도크기 순서는 섬유방향에 평행한 강도가 그 직각방향보다 크다.**

▣ 목재 재료의 장점

① 비중이 작고 가공이 용이하다.
② 충격, 진동에 대한 저항성이 강하다.
③ 열전도율이 낮다.
④ 외관이 수려하여 가구 및 내장재 등 다용도로 사용된다.

▣ 목재의 함수율

- 함수율% = $\dfrac{\text{목재의 무게} - \text{전건재의 무게}}{\text{전건재의 무게}} \times 100$

▣ 목재의 건조 목적

- 부패방지, 사용 후 수축, 균열방지, 강도증진 (무늬강조 (×))

▣ 목재 방부제의 조건

① 목재에 침투가 잘되고 방부성이 커야한다.
② 방부제로 인한 강도저하, 가공성 저하가 없어야 한다.
③ 목재에 접촉되는 금속이나 인체에 피해가 없어야 한다.
④ 목재의 인화성, 흡수성에 증가가 없어야 한다.

목재의 방부처리법

- 도포법, 침전법, 가압주입법 (풍화법 (×))
  (가압주입법이 가장 효과 우수하며 종류에는 베델법, 로우리법, 루핑법이 있다.)
- CCA계 방부제 : 수용성 목재 방부제이지만 맹독성 때문에 사용을 금지하고 있다.

목재의 인공건조법

- 증기법, 훈연건조법, 고주파건조법 (vs. 자연건조법 : 침수법, 대기건조법)

목재 용어

- 판재 : 두께가 7.5cm 미만에 폭이 두께의 4배 이상인 재재목
- 곧은결 판재 : 널결보다 뒤틀림 변형이 적고 건조 중 표면 활렬이 덜 생긴다.
- 각재 : 두께가 7.5cm 미만에 폭이 두께의 4배 미만이거나 두께 및 폭이 7.5cm 이상인 것
- 마름질 : 통나무를 치수에 맞게 제재하는 것
- 바심질 : 목재공사에서 구멍뚫기, 홈파기, 자르기, 기타 다듬질하는 일을 가리킨다.

합판의 특징

① 보통 합판은 얇은 판을 3,5,7매 등 홀수로 교차하도록 접착제로 접합한 것
② 합판은 제품이 규격화 되어 사용에 능률적이다.
③ 수축 및 팽창에 대한 변형이 거의 없다.
④ 균일한 강도와 균일한 크기를 얻을 수 있어 목재의 완전이용이 가능하다.
⑤ 함수율 변화에 의한 수축, 팽창의 변형이 적다.
   (But 내화성을 크게 높일 수는 없다.)

목재의 접착제

- 내수성(습기에 대한 저항성)이 큰 순서
  페놀수지 > 요소수지 > 아교   암기 TIP! 페요아!
- 접착력이 큰 순서
  에폭시수지 > 요소수지 > 멜라민수지 > 페놀수지

4 석공사

◪ 암석재료의 특징

① 가격이 비싸다.
② 외관이 매우 아름답다.
③ 내구성과 강도가 크다.
④ 변형이 되지 않으며, 가공성이 있다. (but 무겁고 가공이 어렵다.)
⑤ 압축강도에 비해, 인장강도가 약하다.

◪ 암석의 종류

- 대표 화성암 : **화강암, 안산암, 현무암, 섬록암**   암기 TIP! 화안현섬
- 대표 변성암 : **편마암, 대리암, 사문암**   암기 TIP! 변편대사문
- 대표 퇴적암 : 사암, 응회암, 역암

◪ 석재의 압축강도 순서

- 화강암 > 대리석 > 안산암 > 사암 > 응회암

◪ 주요 키워드 CHECK POINT!

- 석리 : 암석을 구성하고 있는 조암광물의 집합상태에 따라 생기는 눈 모양
- 석회암이 변화되어 결정화한 것으로 석질이 치밀하고 견고할 뿐 아니라 외관이 미려하여 실내장식재나 조각재로 사용되는 것은? 대리석
- 화성암의 일종으로 돌 색깔은 흰색 또는 담회색으로 단단하고 내구성이 있어 주로 경관석, 바닥 포장용, 석탑, 석등 등에 사용되는 것은? 화강암
- 석재 중 가장 고급품으로 주로 미관을 요구하는 돌쌓기에 쓰이는 것은? 마름돌
  (마름돌은 30cm X 30cm X 60cm 규격이 많이 쓰인다.)
- 화강암 중 회백색 계열을 띄고 있는 돌? 포천석
- 퇴적암의 일종으로 판모양으로 떼어낼 수 있어 디딤돌, 바닥포장재로 쓸 수 있는 것은? 점판암
- 판석 : 조경용 포장재료로 사용되는 판석의 최대 두께는 15cm 미만이고, 폭이 두께의 3배이상인 것으로 바닥이나 벽체에 사용

석재의 비중 (2.0~2.7)

① 비중이 클수록 조직이 치밀하다.
② 비중이 클수록 흡수율은 낮아진다.
③ 비중이 클수록 압축강도는 커진다.
④ 석재의 비중공식 = $\dfrac{\text{공시체의 수중무게 g}}{\text{공시체의 건조무게 g} - \text{공시체의 침수 후 표면 건조포화상태의 공시체의 무게 g}}$

석재의 가공방법 순서

암기 TIP! 흑정도잔

> 혹두기 - 정다듬 - 도드락다듬 - 잔다듬 - 물갈기

① **혹두기** : 표면의 큰 돌출부분만 대강 떼어 내는 정도의 다듬기
② **정다듬** : 정으로 비교적 고르고 곱게 다듬는 정도의 다듬기
③ **도드락다듬** : 도드락망치를 사용하여 정다듬면을 더욱 평탄하게 하는 다듬기
④ **잔다듬** : 도드락 다듬면을 일정한 방향이나 평행선으로 나란히 찍어 다듬어 평탄하게 마무리하는 다듬기

석재의 비중

- 비중은 단위 단면적 당 중량을 말한다.

$$\text{비중} = \dfrac{\text{중량 t}}{\text{체적(부피) m}^3}$$

- **예제** : 화강석의 크기가 20cm X 20cm X 100cm 일 때, 중량은? (단, 비중은 2.6)
- **풀이**

  비중 = $\dfrac{\text{중량 t}}{\text{체적(부피) m}^3}$ 이므로

  중량 = 비중 x 체적(부피) = 2.6 x 0.2 x 0.2 x 1 = 0.104t

  t을 kg으로 바꾸면 답은 104kg
- **정답 : 104kg**

용도에 따른 석재의 선택

- 석가산에 적합한 돌 : 괴석
- 수로의 사면보호, 연못 바닥, 원로의 포장 : 호박돌

석재 운반 도구

- 큰 돌을 운반할 때는 체인블록, 조경공사 암석운반용으로는 와이어로프를 사용한다.

자연식 무너짐 쌓기 방법

① 크고 작은 돌을 자연 그대로의 상태가 되도록 쌓아올리는 방법
② 기초가 되는 밑돌은 약간 큰 돌을 사용, 땅속에 20~30cm정도 묻는다.
③ 돌과 돌이 맞물리는 곳에는 작은 돌을 끼워 넣지 않는다.
④ 돌과 돌 사이 공간에는 회양목, 철쭉, 맥문동 등 키 작은 관목, 지피류를 심는다.
⑤ 제일 윗부분에 놓는 돌은 돌의 윗부분의 기복을 주어 자연스럽게 마감하지만, 고저차가 크게 나지 않도록 한다.

Check Point!
- 메쌓기 : 돌만을 맞대어 쌓고 뒷채움은 잡석, 자갈 등으로 하는 돌쌓기 방식
- 찰쌓기 : 모르타르를 사용하여 쌓고, 뒷채움에도 콘크리트를 사용하는 돌쌓기 방식
- 줄눈 어긋나게 쌓기 : 호박돌 쌓기에 가장 적당한 돌쌓기 방식
- 석재용 치장줄눈용 모르타르 배합비는 1:1
- 우리나라 전통담장의 사고석 시공에서 흔히 볼 수 있는 줄눈의 형태는 내민 줄눈

견치석 쌓기

① 견치돌은 돌을 뜰 때 앞면, 뒷면, 접촉부 등의 치수를 지정해서 깨낸 돌로 앞면은 정사각형이며, 흙막이용으로 사용되는 재료
② 지반이 약한 곳에 석축을 쌓아 올려야 할 때는 잡석이나 콘크리트로 튼튼한 기초를 만들어 놓은 후 하나씩 주의 깊게 쌓아올린다.
③ 경사도가 1:1보다 완만한 경우를 돌붙임이라 하고, 경사도가 1:1보다 급한 경우를 돌쌓기라고 한다.
④ 쌓아 올리고자 하는 높이가 높을 때는 군데군데 물 빠짐 구멍을 뚫어 놓는다.
⑤ 쌓아 올리고자 하는 높이가 높을 때는 이음매가 파형을 이룬다. (수평선 (×))

경관석 놓기

① 시각적으로 중요한 곳이나 추상적인 경관을 연출하기 위해 이용된다.
② 가장 중심이 되는 자리에 가장 크고 기품이 있는 경관석을 중심석으로 배치
③ 전체적으로 볼 때, 힘의 방향이 분산되지 않아야 한다.
④ 경관석을 무리지어 놓을 때는 3.5.7과 같이 홀수로 놓아야 자연스럽다. (2.4.6.8 짝수 (×))

디딤돌 놓기

① 디딤돌로 이용할 돌의 두께는 10~20cm가 적당
② 디딤돌을 놓을 때 밟는 답면은 지표보다 3~6cm 높게 앉혀야 한다.
③ 디딤돌은 주로 자연석이나 가공한 판석 등을 사용한다. (다듬어 놓은 돌만을 이용한다. (×))
④ 디딤돌은 보행을 위해 공원이나 정원에서 잔디밭, 자갈 위에 설치하는 것
⑤ 징검돌은 상.하면이 평평하고 지름 또는 한 면의 길이가 30~60cm, 높이가 30cm 이상인 크기의 강석을 주로 사용한다.
⑥ 디딤돌의 배치 간격 및 형식 등은 설계도면에 따르되 윗면은 수평으로 놓고 지면과의 높이는 5cm 내외로 한다.

벽돌공사

① 통줄눈 금지한다.
② 벽돌은 쌓기 전에 충분히 물을 축여서 쌓는다.
③ 벽돌은 어느 부분이든 균일한 높이로 쌓아 올라간다.
④ 치장줄눈은 되도록 짧은 시일에 하는 것이 좋다.
⑤ 벽돌 중 압축강도가 가장 강해야 하는 벽돌은 포장용 벽돌
⑥ 벽돌쌓기에 사용되는 모르타르 배합비 (시멘트 : 모래)
　치장용 1:1　아치용 1:2　조적용 1:3　(1:4는 쓰지 않는다.)
⑦ 벽돌쌓기의 하루에 쌓을 수 있는 높이는 표준 1.2m, 최대 1.5m까지이다.

> **기존형 규격 : 210mm x 100mm x 60mm**
> **표준형 규격 : 190mm x 90 mm x 57mm**

▶ 표준형 벽돌로 1.0B의 두께로 벽을 쌓을 경우 벽돌벽의 두께는? 19cm

▶ 표준형 벽돌로 1.5B의 두께로 쌓을 때 줄눈 두께를 10mm로 한다면 벽돌벽의 두께는?
한장반 쌓기 1.5B는 길이 190mm와 마구리 90mm를 합한 값에 줄눈 10mm를 더하여 구한다.
190 + 90 + 10 = 290mm

벽돌쌓기 방식

① **영국식 쌓기** : 길이 쌓기 켜와 마구리 쌓기 켜가 번갈아 반복되게 쌓는 방법으로 모서리나 벽이 끝나는 곳에는 반절이나 2.5토막이 쓰인다. 벽돌쌓기 방법 중 가장 견고하고 튼튼하다.

② **프랑스식 쌓기** : 매 켜에 길이 쌓기와 마구리 쌓기를 번갈아 하는 것으로 구조적으로 취약하여 치장용으로 주로 사용한다. 반절토막, 이오토막, 칠오토막을 사용하여 모서리를 맞춘다.

③ **네덜란드식 쌓기** : 1.0B 쌓기를 기본으로 한켜는 길이쌓기로 하고 다음은 마구리 쌓기로 번갈아 쌓는 방식, 벽의 모서리 또는 끝에 칠오토막(길이의 3/4를 절단한 벽돌)을 쓴다. 내부에 통줄눈이 생기는 단점이 있으나 시공이 간단하고 모서리가 견고하기 때문에 국내에서 가장 많이 사용된다.

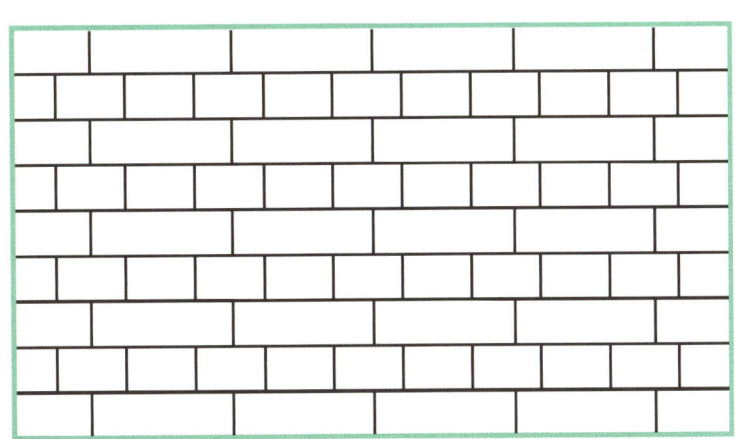

④ **미국식 쌓기** : 다섯줄은 길이쌓기, 한줄은 마구리쌓기로 번갈아 쌓는 방식, 통줄눈이 생기지 않는다.

⑤ **영롱쌓기** : 벽돌을 이용한 장식용 구멍을 내어 쌓는 방식이다.

5 기타공사

1) 금속공사

▣ 금속재료의 특징

① 다양한 형상의 제품을 만들 수 있고 대규모 공업생산품을 공급 가능
② 각기 고유의 광택을 가지고 있다.
③ 재질이 균일하고, 불에 타지 않는 불연재이다.
④ 내산성과 내알칼리성이 작고 부식의 단점이 있다.

▣ 철재의 성질

- **강성** : 재료가 변형에 저항하는 성질
- **인성** : 재료가 파괴되기까지 높은 응력에 잘 견딜 수 있고, 동시에 큰 변형이 되는 성질
- **취성** : 작은 변형에도 파괴되는 성질
- **소성** : 힘을 가한 후 힘을 제거해도 원래 모양으로 돌아가지 않는 성질

2) 플라스틱

① 가벼우나 내화성은 낮아 열에 의해 변형된다.
② 성형 가공성이 우수하다.
③ 산과 알칼리에 견디는 힘이 크다.
④ 투광성, 접착성, 절연성 있다.
⑤ 경계석 재료 중 잔디와 초화류 구분에 주로 사용하며 곡선처리가 가장 용이한 경제적 재료

▣ 열가소성 수지

① 중합반응에 의해 형성
② 열에 의해 연화된다.
③ 수장재로 이용된다.
④ 냉각 시 형태가 붕괴되지 않고 고체로 된다.
⑤ 폴리에틸렌, 폴리프로필렌, 염화비닐수지, 폴리스티렌, ABS수지, 아크릴수지 등이 있다.

- 폴리에틸렌 수지
    ① 상온에서 유백색 탄성이 있는 열가소성 수지
    ② 얇은 시트 벽체나 발포온판 및 건축용 성형품으로 이용
    ③ 가볍고 충격에 견디는 힘이 크다.
    ④ 시공이 용이하며, 유연성이 좋고 경제적이다.
    ⑤ 내약품성, 전기절연성, 성형성 우수하다.

열경화성 수지

① 축합반응을 하여 형성된 것
② 실리콘수지, 에폭시계수지, 페놀수지, 우레아수지, 멜라민수지, 폴리우레탄수지 등이 있다.
- 실리콘수지
    ① 내수성, 내열성 특히 우수
    ② 내연성, 전기적 절연성 있고 유리섬유관, 텍스, 피혁류 등 접착이 가능
    ③ 500도 이상 견디는 수지로 방수제, 도료, 접착제 등의 용도로 사용

에폭시계 접착제

- 액체 상태이나 용융상태의 수지에 경화제를 넣어 사용
- 내산, 내알칼리성 우수하여 콘크리트, 항공기, 기계부품등의 접착에 사용

FRP (유리섬유강화플라스틱)

- 인공폭포, 인공바위, 수목보호판 등 조경시설에 쓰이는 일반적인 재료
- 알루미늄보다 가벼우며 녹슬지 않고 가공성이 우수하다.

도료의 성분에 따른 분류

① 수성페인트 : 안료 + 교착제 + 물
② 유성페인트 : 보일드유 + 안료
③ 유성바니시 : 수지 + 건성유 + 희석제
④ 합성수지도료(용제형) : 합성수지 + 용제 + 안료
⑤ 생칠 : 칠나무에서 채취한 그대로의 것
⑥ 회반죽 : 해초풀을 끓여 만든 전착 및 접착제, 부착력이 있고, 균열방지 기능을 한다.

녹막이 페인트의 요건

① 탄성력이 클 것
② 내구성이 클 것
③ 마찰과 충격에 잘 견딜 것

- 수성페인트칠 공정 순서

  바탕만들기 - 초벌칠하기 - 퍼티먹임 - 연마작업 - 재벌칠하기 - 정벌칠하기

- 철재 놀이시설 페인트칠 순서

  녹닦기(샌드페이퍼) - 연단(광명단) 칠하기 - 에나멜페인트 칠하기

방청용 도료의 종류

- 광명단, 징크로메이트계, 워시프라이머 (에멀젼페인트 (×))

유성페인트

① 보일드유와 안료를 혼합한 것으로 내후성이 크다.
② 건성유 자체로도 도막을 형성할 수 있으나 건성유를 가열처리하여 점도, 건조성, 색채 등을 개량한 것이 보일드유이다.
③ 단점 : 알칼리에 약하다.

래커

① 셀룰로오스도료라고도 한다.
② 자연 건조방법에 의해 상온에서 경화된다.
③ 내마모성, 내수성, 내유성 등이 우수하다.
④ 도막의 건조시간이 빨라 백화를 일으키기 쉽다.
⑤ 도막은 단단하고 불점착성이다.

3) 관수공사

① 관수방법에는 지표관개법, 살수관개법, 낙수식 관개법이 있다.

② 지표관개법은 물 웅덩이나 도랑에 호스를 연결하여 관수하는 방법으로 비교적 간단하나 균일한 관수가 어렵고 물의 낭비가 많다.

③ 살수관개법은 고정된 기계식 살수장치(스프링클러)를 설치하여 균일한 관수와 용수의 효율적 사용으로 물을 절약할 수 있다. 설치비가 많이 들지만, 관수효과가 높다.

배수공사

- 방사식 : 광대한 지역에서 하수를 한 곳에 모으기 곤란한 경우 배수지역을 수개 또는 그 이상으로 구분해서 배관하는 배수 방식

지하층의 배수

① 지하층 배수는 속도랑을 설치하면 가능하다.

② 암거배수의 배치형태는 어골형, 평행형, 빗살형, 부채살형, 자유형 등이 있다.

③ 속도랑의 깊이는 수종에 따라 심근성 수종을 식재할 때 더 깊게 한다.

④ 대규모 공원의 경우 자연지형과 등고선에 따라 배치하는 자연형 배수방법이 많이 이용된다.

⑤ 어골형은 생선뼈와 같은 형태로 주선을 중앙에 경사지게 배치하고 지선을 어긋나게 비스듬히 설치한다. (놀이터, 광장 등 소규모 평탄지역에 적합)

⑥ 빗살형(평행형)은 지선을 주선과 직각방향으로 일정간격으로 평행하게 배치 (넓고 평탄한 지역에 적합)

연못공사

① 배수공은 연못 바닥 가장 깊은 곳에 설치한다.

② 항상 일정한 수위를 유지하기 위해 설치하는 장치는 오버플로우

③ 순환 펌프 시설이나 정수 시설은 차폐식재로 가려준다.

④ 급배수에 필요한 파이프 굵기는 강우량과 급수량을 고려하여 선정한다.

⑤ 콘크리트를 사용하지 않고 진흙을 이용하여 다짐하는 진흙 굳히기 공법은 주로 연못공사에 사용된다.

▣ 토관

| 편지관 | 45도 곡관 | T관 |

▣ 주요 키워드 CHECK POINT!

① **잡석지정이란?**

  잡석을 세워서 깔고 사춤자갈을 사이사이 넣어 다지는 것

② **연속기초** : 조경 구조물에서 줄기초라고 부르며, 담장의 기초와 같이 길게 띠모양으로 받치는 기초를 말한다.

③ **콘크리트 포장 시 와이어매쉬는 콘크리트 두께의 1/3 위치에 설치**

④ **우레탄** : 광장 등 넓은 지역 포장에 적합하며, 바닥에 색채 및 자연스런 문양을 다양하게 넣을 수 있는 소재

⑤ 타일은 용도에 따라 내장타일, 외장타일, 바닥타일, 콘크리트 판 등으로 분류할 수 있다.
  (모자이크타일 (×))

4) 옹벽공사

① **중력식 옹벽** : 상단이 좁고 하단이 넓은 형태의 옹벽으로 자중으로 토압에 저항하며, 높이 4m 내외의 낮은 옹벽에 많이 쓰인다.

② **켄틸레버 옹벽** : L형 등의 형태의 기초판 위에 흙의 무게로 보강한 것, 6m까지 사용가능

③ 옹벽시공 시 뒷면에 물이 고이지 않도록 $3m^2$ 마다 배수구 1개 씩 설치

5) 포장공사

▣ 소형고압블럭 포장

① 소형고압블럭은 보, 차도용 콘크리트 제품 중 일정한 크기의 골재와 시멘트를 배합하여 높은 압력과 열로 처리한 보도블럭, 보도용 소형고압블럭 두께는 6cm (차도용 8cm)
② 보도의 가장자리는 경계석을 설치하여 공간의 형태를 규정짓는다.
③ 기존 지반을 잘 다진 후 모래를 3~5cm 깔고 보도블럭을 포장한다.
④ 일반적으로 원로의 종단 기울기가 5%이상인 구간의 포장은 미끄럼 방지를 위하여 거친면으로 마감한다.
(보도블럭의 최종 높이는 경계석의 높이보다 약간 높게 설치한다. (×))

▣ 보행공간의 포장재료의 선정

① 변화가 적은 재료, 질감이 좋은 재료, 밝은 색의 재료로 선정 (질감이 거친 것 (×))
② 내구성이 있을 것, 자연배수가 용이할 것
 (보행 시 마찰이 전혀 없을 것 (×))

▣ 적벽돌 포장

① 질감이 좋고 특유의 자연미가 있어 친근감을 준다.
② 마멸되기 쉽고 강도가 약하다.
③ 다양한 포장패턴을 연출할 수 있다.
④ 평깔기보다 모로 세워깔기 시 더 많은 벽돌 수량이 필요하다.

▣ 바닥 판석시공

① 판석은 점판암이나 화강석을 잘라서 사용한다.
② 판석은 불규칙한 Y형 줄눈이 되도록 해야하며 +줄눈이 되어서는 안된다.
③ 기층은 잡석다짐 후 콘크리트로 조성한다.
④ 가장자리에 놓을 판석은 선에 맞추어 절단 후 사용한다.

10. 조경관리

1 조경관리 개요

▣ 조경관리의 범위

- 운영관리, 유지관리, 이용관리 (생산관리 (×))

▣ 정기적 조경수목 관리

- 전정 및 거름주기, 병충해 방제, 잡초제거 및 관수 (토양개량 및 고사목제거 (×) - 부정기 작업)

▣ 조경관리 방식

① **직영방식**
　장점 : 빠른 대응 가능, 책임소재 명확, 양질의 서비스 가능
　단점 : 업무의 타성화, 관리비 상승 우려, 인건비 과다 소요 우려
② **도급방식**
　장점 : 대규모 시설의 효율적 관리, 전문가의 합리적 이용, 장기적 안정성과 관리비용 절감
　단점 : 책임 소재와 권한의 범위가 불명확

▣ 관리하자에 의한 사고

① 시설의 노후와 파손에 의한 사고
② 위험장소에 대한 안전대책 미비로 인한 사고
③ 위험물 방치로 인한 사고
　　(시설구조 자체 결함에 의한 사고 (×) - 설치하자)

▣ 공원 행사의 개최 순서

- 기획 - 제작 - 실시 - 평가

2 수목의 전정

정원수 전정의 목적

① 정원수 이식을 위해 잎과 가지를 적당히 잘라 생리 조정을 해준다.
② 한가지에 많은 봉우리가 있을 때 솎아내 주거나, 열매를 따버려 착화를 촉진시킨다.
③ 향나무, 주목 등 일정한 모양을 유지하기 위해 전정을 통해 생장을 억제한다.
④ 강한 바람에 의해 나무가 쓰러지거나 가지가 손상되는 것을 막는다.
⑤ 채광, 통풍을 도움으로써 병, 벌레의 피해를 미연에 방지한다.

생장을 억제하기 위한 가지다듬기

① 향나무, 주목, 산울타리 등 수목의 형태를 일정하게 유지하기 위한 전정
② 정원의 녹음수, 가로수가 필요이상으로 자라지 않도록 전정
③ 맹아력이 강한 수종의 굵은 가지를 잘라 길이를 줄이는 전정

착화촉진(개화, 결실 촉진)을 위한 가지다듬기

① 사과나무의 뿌리를 절단하고 환상박피를 한다.
② 감나무 개화 후 전정으로 해거리를 방지한다.
③ 장미, 매화나무 한가지에 많은 봉우리가 있을 때 솎아줌으로써 착화촉진
④ 약지를 짧게 자르고, 묵은 가지나 병충해 가지는 수액유동 전에 전정한다.
⑤ 작은 가지나 내측으로 뻗은 가지는 제거한다.

생리조정을 위한 가지다듬기

• 수목의 이식 시에 손상된 뿌리

갱신을 위한 가지다듬기

• 늙은 수목이 생기를 잃어 개화상태가 불량해졌을 경우 묵은 가지를 잘라 새로운 가지가 나오도록 하는 전정

전정요령

① 전정작업 전 나무의 수형을 충분히 관찰해 가지들의 배치를 염두에 둔다.
② 우선 나무의 정상부로부터 주지의 전정을 실시한다.
③ 주지의 전정은 주간에 대해서 사방으로 고르게 굵은 가지를 배치하는 동시에 상하로도 적당한 간격으로 자리잡도록 한다.
④ 수양버들처럼 아래로 늘어지는 나무는 위쪽의 눈을 남겨둔다.
⑤ 특별한 경우를 제외하고 줄기끝에서 여러 개의 가지가 발생하지 않도록 한다.
⑥ **상부는 강하게, 하부는 약하게 한다. (상부는 약하게, 하부는 강하게 (×))**
⑦ **도장지는 한번에 잘라내지 않는다. (단번에 제거한다 (×))**

반드시 잘라버려야 할 가지

- 말라죽은 가지(고사지), 웃자람 가지(도장지), 교차한 가지, 맹아지, 평행지, 대생지, 포복지 등이다.

전정시기에 따른 전정요령

① 하계 전정 시에는 통풍과 일조가 잘되게 하고, 도장지는 제거해야 한다.
② 떡갈나무 묵은 잎이 떨어지고, 새잎이 나올 때가 전정의 적기이다.
③ 가을에 강전정 하면 수세가 저하되어 역효과가 난다.
④ 진달래, 목련 등 봄 꽃나무는 꽃이 진 후에 바로 전정한다. (개화직전 전정한다. (×))

겨울 전정의 특징 (12월~3월에 실시)

① 낙엽수의 휴면기인 겨울에 전정을 하면 병충해 피해를 입은 가지의 발견이 쉽다.
② 가지의 배치나 수형이 잘 드러나 전정이 쉽다.
③ 굵은 가지를 잘라 내어도 전정의 영향을 거의 받지 않는다.
④ 상록수는 동계 강전정을 피한다.

▣ CHECK POINT!

- 형상수(토피어리 Topiary)에 알맞은 수종 : 주목, 회양목, 명자나무, 개나리 등 맹아력이 강하고 지엽이 치밀한 수종
- 벚나무는 전정 시 큰 줄기나 가지자르기를 삼간다. (상처가 생기면 잘 썩는다.)
- 철쭉은 낙화할 무렵 바로 가지다듬기를 해야 좋다.
- 산울타리 다듬기 : 일반 수종은 장마 때와 가을 2회 정도 전정한다.
- 적심가위 또는 순치기 가위 : 전정도구 중 주로 연하고 부드러운 가지나 수관 내부의 가늘고 약한 가지를 자를 때, 꽃꽂이를 할 때 흔히 사용한다.
- 고지가위 : 높은 곳의 가지치기나 열매 채취에 사용

▣ 전정의 시기와 횟수

① 침엽수는 10~11월경이나 2월~3월에 한 번 실시한다.
② 상록활엽수는 5~6월경과 9~10월경 두 번 실시한다.
③ 낙엽수는 일반적으로 11~3월 및 7~8월경에 각각 한 번 또는 두 번 전정한다.
   (관목류는 연중 계절이 변할 때마다 한다. (×) - 관목류는 연간 한 번)

▣ 굵은 가지치기 요령

① 잘라낼 부위는 먼저 아래쪽에 가지 굵기의 1/3 정도 깊이까지 톱자국을 만든다.
   (톱자국 없이 위에서부터 밑까지 단번에 내리 자르면 기부가 갈라지므로 잘못된 방법임)
② 톱을 돌려 아래쪽에 만든 상처보다 약간 높은 곳을 위로부터 내리 자른다.
③ 톱으로 자른 자리의 거친 면은 손칼로 깨끗이 다듬는다.
④ 벚나무, 목련은 굵은 가지 전정 시 반드시 도포제를 발라준다.
⑤ 느티나무는 심근성 수종으로 바람의 피해로부터 보호하기 위한 굵은 가지치기를 실시하지 않아도 된다.

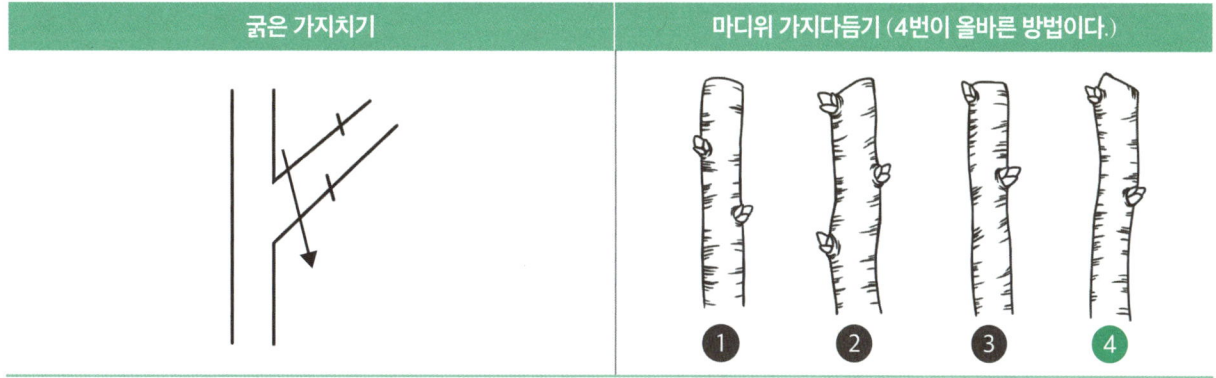

| 굵은 가지치기 | 마디위 가지다듬기 (4번이 올바른 방법이다.) |

소나무 순자르기와 잎솎기

① 소나무 순자르기(순따기)는 해마다 5~6월경 새순이 5~10cm자라난 무렵 실시한다.
② 가위보다는 손끝으로 따주며, 노목이나 약해보이는 나무는 다소 빨리 실시한다.
③ 순따기 후에는 토양이 과습하지 않아야 한다.
④ 자라는 힘이 지나치다고 생각될 때는 1/3~1/2정도 남겨두고 끝부분을 따 버린다.
⑤ 소나무의 잎솎기는 순따기 후 8월경 실시하는 것이 좋다. (순의 세력조절)

C/N율 (탄소와 질소의 비율)

① 조경수목의 화아분화와 관련이 깊다.
② 탄수화물의 생성이 풍부하여 탄소가 질소보다 많아지면 (C/N율이 높아지면) 꽃눈이 많아져 꽃이 잘 필 수 있는 조건이 된다.
③ 곁눈 밑에 상처를 내면 잎에서 만들어진 동화물질이 축적되어 (C/N율이 높아져서) 잎눈이 꽃눈으로 변화한다.

3 거름주기

① 거름을 줌으로써 조경 수목을 아름답게 유지한다.
② 토양미생물 번식을 도와 병충해에 대한 저항력을 증진시키고, 열매 성숙을 돕는다.
③ 거름의 3요소 : 질소 (N), 인산 (P), 칼륨 (K)
  N : 수목 생장촉진, 결핍 시 줄기나 가지가 가늘고 작아지며, 묵은 잎이 황변 낙엽
  P : 세포분열촉진, 꽃과 열매를 많이 달리게 하고 뿌리발육, 녹말생산, 엽록소 기능 증진
  K : 뿌리, 가지 생육촉진, 각종 저항성 촉진
④ 복합비료의 표시 : 질소 (N) - 인산 (P) - 칼륨 (K) 순서로 표시
  (예) "복합비료 20-17-19"로 표시되었다면 질소 20% - 인산 17% - 칼륨 19%

식물생육에 필요한 필수 원소

- 다량원소 : C, H, O, N, P, K, Ca, Mg, S
- 미량원소 : Fe, Mn, B, Zn, Cu, Mo, Cl

▣ 밑거름 (지효성)

① 두엄, 퇴비 등 유기질 비료는 지효성으로 완전히 부숙된 것(완전히 썩은 것)을 사용한다.

② 낙엽이 진 후 늦가을에서 이른 봄 사이 준다.

▣ 덧거름 (속효성)

① 황산암모늄, 질산암모늄, 요소 등 무기질 비료를 사용한다.

② 수목의 생장기인 4월하순에서 6월하순에 주며 7월 이전에 완료

③ 황산암모늄은 계속 사용 시 토양을 산성화 시킨다.

▣ 거름주는 요령

① 흙이 몹시 건조하면 맑은 물로 땅을 축이고 거름주기를 한다.

② 산울타리용(생울타리) 수목에는 수관선 바깥쪽으로 선상으로 땅을 파고 시비한다.

③ 거름을 다 주고 난 다음에는 흙으로 덮어 정리작업을 실시한다.

▣ 시비방법

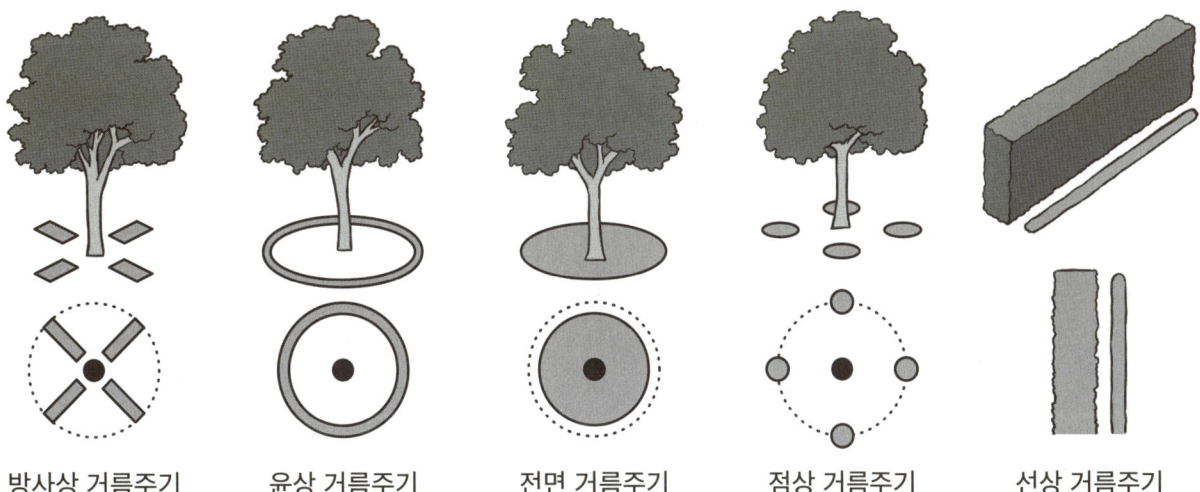

방사상 거름주기   윤상 거름주기   전면 거름주기   점상 거름주기   선상 거름주기

① **방사상 거름주기** : 파는 도랑의 깊이는 바깥쪽일수록 깊고 넓게 파야하며, 선을 중심으로 하여 길이는 수관폭의 1/3 정도로 한다.

② **윤상 거름주기** : 수관폭을 형성하는 가지 끝 아래에 수관선을 기준으로 환상으로 깊이 20~25cm, 너비 20~30cm로 둥글게 판다.

③ 선상 거름주기 : 산울타리와 같이 길게 대상으로 이루어 식재된 수목의 경우 일정 간격으로 도랑처럼 길게 구덩이를 파고 거름을 준다.

④ 전면 거름주기 : 한 그루씩 거름 줄 경우, 뿌리가 확장되어 있는 부분을 뿌리가 나오는 곳까지 전면으로 땅을 파고 주는 방법

수목의 활착 - 증산과 흡수

- 나무를 옮겨 심었을 때 잘려진 뿌리에서 새 뿌리가 나오게 하여 활착이 잘 되게 하는데 가장 중요한 것은 잎으로부터의 증산과 뿌리의 흡수이다.

관수의 효과

① 토양 중의 양분을 용해하고 흡수하여 신진대사를 원활하게 한다.
② 증산작용으로 인한 잎의 온도 상승을 막고 식물체 온도를 유지
③ 토양의 건조를 막고 생육환경을 형성하여 나무의 생장을 촉진
④ 지표와 공중의 습도가 높아져 증발량이 감소한다. (증산량 증대된다. (×))

주요 키워드 CHECK POINT!

- **우드칩(멀칭재료)의 효과**
  미관효과 우수, 잡초억제기능, 토양개량효과 (배수억제 효과 X)
- **짚싸기** : 모과, 감나무, 배롱나무 등의 수목 월동방법
- **줄기싸기** : 수피가 얇은 나무에서 수피가 타는 것을 방지
  한발(가뭄)이 계속될 때 짚깔기나 물주기를 제일 먼저 해야할 나무 : 낙우송 등 천근성 수종
- 수목 충진 수술 (수목의 썩은 부분을 도려내고 공동충진)은 5~6월이 가장 효과적임
- 수목 외과 수술 순서 암기 TIP! 부살방공표수

> 부패부제거 - 살균살충처리 - 방부 방수처리 - 공동충전 - 매트처리 - 인공나무껍질처리 - 수지처리
> 또는
> 부패부제거 - 살균 살충 - 방부 방수처리 - 공동충전 - 표면경화처리 - 수지처리

4. 병해충방제

1) 수목병

▣ 식물병 발병 3대요인

- 일조부족, 병원체의 밀도, 기주식물의 감수성 (야생동물의 가해 (×))

> 세계3대 수목병
> 잣나무 털녹병, 밤나무 줄기마름병, 느티나무 시들음병

- 오동나무 탄저병
  ① 자낭균에 의해 발병, 병든 낙엽에 자낭포자를 만들어 월동
  ② 주로 묘목의 줄기와 잎에 발생

- 흰가루병
  ① 수목에 치명적인 병은 아니지만, 발생하면 생육이 위축되고 외관을 나쁘게 한다.
  ② 장미, 단풍나무, 배롱나무, 벚나무 등에 많이 발생한다.
  ③ 병든 낙엽을 모아 태우거나 땅속에 묻음으로써 전염원을 차단
  ④ 통기불량, 일조부족, 질소과다 등이 발병요인
  ⑤ 방제약품 : 티오파네이트메틸수화제(지오판엠), 결정석회황합제(유황합제), 디비이디시(황산구리) 유제(산요루)

- 참나무 시들음병
  ① 곰팡이균(파렐리아)이 원인, 매개충은 광릉긴나무좀
  ② 매개충의 암컷 등판에는 곰팡이를 넣는 균낭이 있다.
  ③ 월동한 성충은 5월경에 핌입공을 빠져나와 새로운 나무를 가해
  ④ 나무전체에 발생하는 병해 : 시듦병, 세균성 연부병

▣ CHECK POINT!

- 빗자루병이 발병하기 쉬운 수종
  오동나무, 대추나무, 대나무, 전나무, 쥐똥나무
- 진딧물과 깍지벌레와 관계가 깊은 병 : 그을음병
- 오리나무 갈색무늬병균은 종자의 표면에 부착하여 전반
- 소나무 혹병의 중간기주는 참나무류

2) 수목해충

① **깍지벌레** : 잎이나 가지에 붙어 즙액을 빨아먹는 흡즙성 해충으로 잎이 황색으로 변하게 되고 2차적으로 그을음 병을 유발시키며, 감나무, 동백나무, 호랑가시나무, 사철나무, 치자나무 등에 공통적으로 발생하기 쉽다.

② **소나무를 가해하는 해충** : 솔나방, 소나무좀, 솔잎혹파리

③ **미국흰불나방** : 벚나무, 플라타너스, 오동나무, 포플러 등 가해
　　　　　플라타너스는 흰불나방 피해가 가장 많이 발생하는 수종이다.

④ 솔수염하늘소의 성충의 최대 출현 최성기 : 6~7월

⑤ **솔나방** : 잎을 갉아먹는 식엽성 해충으로 솔잎에 약 500개 알을 낳는다. 1년 1회 성충은 7~8월 발생, 유충이 잎을 가해하며, 심하게 피해를 받으면 소나무가 고사하기도 한다. (솔나방 구제엔 디프제(디프록스))

⑥ **측백나무 하늘소** : 가해수종은 향나무, 편백, 삼나무 등, 똥을 줄기밖으로 배출하지 않기 때문에 발견이 어렵고, 기생성 천적인 좀벌류, 맵시벌류, 기생파리류로 생물적 방제를 한다.

⑦ **북방수염하늘소** : 소나무재선충의 전반에 중요한 역할

⑧ **풍뎅이 유충** : 한국잔디의 해충으로 가장 큰 피해를 준다.

3) 병해충 방제법

① **물리적 방제법** : 잠복소 등을 설치하여 해충을 유인, 한데 모아 태워 죽이는 방제법

② **생물적 방제법** : 천적이나 기생성, 병원미생물을 이용하는 방제법
　　　　　(예) 솔잎혹파리에는 먹좀벌을 방사하여 방제효과 얻는다.

③ **재배학적 방제법** : 내충성이 강한 품종을 개발, 선택하는 방법, 간벌이나 시비를 통한 방제

④ **화학적 방제법** : 환경개선과 계획적 방제로 예방하는 방제법. 병해충의 발생과정과 습성을 미리 알아두어야 한다. 병, 해충을 일찍 발견해야 하며 약해에 주의해야 한다. (되도록 발생 후 약을 뿌려준다 (×))

▣ 병충해 구제 방법

① **응애 피해 구제** : 살비제 살포, 같은 농약 연용은 피하고, 4월중순부터 일주일 간격으로 2~3회 정도 살포, 응애는 침엽수, 활엽수 모두 피해를 준다.

② **진딧물 구제** : 메타유제(메타시스톡스), 디디브이피제(DDVP), 포스팜제(다이메크론)

③ **루비깍지벌레 방제** : 메치온유제(수프라사이드)

④ **검은점무늬병 방제** : 만코제브수화제(다이센엠-45)

⑤ 미국흰불나방 구제 : 트리클로로폰수화제(디프록스)

⑥ 아토닉 : 생장촉진제

⑦ 옥시테트라사이클린수화제 : 살균제

⑧ 시마진수화제 : 제초제

⑨ 비에이액제, 도마도톤액제, 인돌비액제 : 생장조절제

⑩ 에세폰액제(에스렐) : 관상용 열매의 착색 촉진

⑪ 잡초방제용 제초제 : 알라유제(라쏘), 씨마네수화제(씨마진), 파라코액제(그라목손), 파라 디클로라이드액제 (살충제 : 메프수화제)

⑫ 메틸브로마이드 : 잔디의 상토소독제

⑬ 비선택적 제초제 : 작물과 잡초의 구별없이 모두 죽이므로 잔디밭 사용시 각별한 주의가 필요

⑭ 피, 바랭이, 쇠비름, 냉이 등은 주로 종자번식을 한다.

농약포장지 색생

① 살균제 : 분홍색

② 살충제, 살비제 : 초록색

③ 제초제 : 황색

④ 생장조절제 : 청색

농약 취급 시 주의사항

① 농약살포 시 방독면과 방호복을 착용한다.

② 쓰고 남은 농약은 다른 용기에 옮겨 보관하지 말고, 밀봉한 뒤 건조하고 서늘한 장소에 보관 (즉시 주변에 버린다. (×))

③ 피로하거나 건강상태가 좋지 않다면 작업을 피하고, 작업 중 식사나 흡연을 금한다.

농약의 혼용 시 장점

- 약효상승, 독성경감, 약효지속기간 연장, 살포횟수 경감으로 방제비 절감 (약해 증가 (×))

5 수목의 저온 고온의 피해

- 상렬(霜裂)
  - 추위에 의해 나무의 줄기 또는 수피가 수선방향으로 갈라지는 현상
- 만상(晚霜)
  - 초 봄철, 식물의 발육이 이미 시작된 후 갑작스럽게 기온이 하강하여 식물에 피해를 주는 것
- 동해(凍害)
  ① 바람이 없고 맑게 갠 밤의 새벽에 갑작스럽게 기온 하강 시 동해 피해 발생
  ② 건조한 토양보다 과습한 토양에서 더 많이 발생
  ③ 침엽수류과 낙엽활엽수류는 상록활엽수보다 내동성이 크다.
  ④ 난지형 수종, 생육지에서 멀리 떨어져 이식된 수종일수록 동해에 약하다.
- 상해(霜害)
  ① 분지를 이루고 있는 우묵한 지형에 상해가 심하다.
  ② 성목보다는 어린 유령목에 피해 받기 쉽다.
  ③ 일교차가 심한 남쪽경사면이 피해가 크다.
  ④ 건조한 토양보다 과습한 토양의 피해가 크다.
- 볕데기(피소 皮燒)
  ① 고온으로 인한 수목 피해로 어린나무에서는 피해가 거의 생기지 않는다.
  ② 흉고직경 15~20cm 이상인 나무에서 피해가 많다.
  ③ 피해 방향은 남쪽과 남서쪽에 위치하는 줄기부위로 특히 남서방향의 1/2부위가 가장 심하며 북측은 피해가 없다. 피해범위는 지제부에서 지상 2m 내외다.

6 잔디관리

▣ 잔디 관리 요령

① 잔디 깎기 횟수는 생장률과 환경조건에 따라 다르다.
② 뗏밥주기는 한지형은 봄, 가을에 난지형은 늦봄, 초여름에 준다. (겨울철에 준다 (×))
③ 여름철 물주기는 아침이나 저녁에 한다. (한 낮에 한다 (×))
④ 질소질 비료를 과용하면 붉은 녹병을 유발한다.
⑤ 잔디밭 관수는 오후 6시 이후 저녁이나 일출전에 한다.

▣ 잔디 뗏밥주기

① 뗏밥은 가는 모래 2, 밭흙 1, 유기물 약간을 섞어 사용한다.
② 뗏밥은 일반적으로 가열하여 사용하며, 증기소독, 화학약품 소독을 하기도 한다.
③ 뗏밥은 한지형 잔디의 경우 봄, 가을에 주고 난지형 잔디의 경우 생육이 왕성한 6~8월에 준다.
④ 뗏밥의 두께는 15mm 정도로 주고, 다시 줄 때에는 2주일 15일 정도 후에 주는 것이 좋다. (일주일 후에 준다 (×))
⑤ 흙은 5mm체로 쳐서 사용하며, 잔디 포지 전면을 골고루 뿌리고 레이크로 긁어준다.
⑥ 일시에 많이 주는 것보다 소량씩 자주 주는 것이 효과적이다.

▣ 잔디밭(골프장) 거름주기

① 한국잔디의 경우 5~8월 집중적으로 시비한다.
② 질소질 비료는 1제곱미터에 1회 당 4g을 초과해서는 안된다.
③ 난지형 잔디는 하절기에 한지형 잔디는 봄과 가을에 집중해서 준다.
④ 화학비료의 경우 연간 3~8회 정도로 나누어 거름주기를 한다.
⑤ 가능하면 제초작업 후 비오기 전에 실시
⑥ 시비 시기는 잔디에 따라 다르지만 일반적으로 앞으로 생육량 증가가 예상될 때 주는 것이 원칙
⑦ 일반적으로 관리가 잘 된 기존 골프장의 경우 질소, 인산, 칼륨의 비율을 3:2:1 정도로 하여 시비 할 것을 권장
⑧ 비배관리 시 다른 모든 요소가 충분히 있어도 한 요소가 부족하면 식물생육은 부족한 요소에 지배를 받는다.

▣ 잔디깎기

① 목적 : 방초방제, 이용편의 도모, 병충해 방지, 잔디의 분얼촉진 (분얼억제 (×))
② 일정한 주기로 깎아준다.
③ 일반적으로 난지형 잔디는 고온기에 잘 자라므로 여름에 자주 깎아 주어야 한다.
④ 가뭄이 계속될 때는 짧게 깎지 않는다.
⑤ 로타리 모우어(Rotary Mower) : 잔디밭의 넓이가 약 50평 이상으로 잔디의 품질이 아주 좋지 않아도 되는 골프장 러프(rough)지역, 공원의 수목지역 등에 많이 사용하는 잔디깎는 기계

잔디의 잡초방제

- 파종 전 갈아엎기, 잔디깎기, 손으로 뽑기 (비선택적 제초제 사용 (×))

녹병

① 잔디에 가장 많이 발생하는 병
② 한국 잔디류에 가장 많이 발생하는 병
③ 담자균류 곰팡이로서 연간 2회 발생
④ 테부코나졸(유), 디니코나졸수화제, 헥사코나졸수화제(5%) 살포로 방제

붉은 녹병

① 우리나라 들잔디에 가장 많이 발생하는 병
② 엽맥에 불규칙한 적갈색의 반점이 보이기 시작할 때 즉 5~6월, 9월 중순~10월 하순에 발견

조경기능사

빈출 모의고사 문답암기 문제형

빈출 모의고사 문답암기 문제형 1회

001

큰 호수를 매립했을 때 일어날 수 있는 환경의 변화가 아닌 것은?

① 풍속의 증가
② 온도의 상승
③ 기후의 건조
④ 배수불량

해 호수는 적정 온도와 습도 유지와 육지 우수의 배수지로서의 역할을 한다. 호수를 매립해 버리면 공기의 대류현상을 막아 바람이 감소하고 온도상승과 기후 건조, 배수 불량 등을 야기한다.

002

수집한 자료들을 종합한 후에 이를 바탕으로 개략적인 계획안을 결정하는 단계는?

① 목표설정
② 기본구상
③ 기본설계
④ 실시설계

해 조경계획은 목표설정, 자료수집, 자료분석 및 종합, 기본구상, 대안작성 및 평가, 기본계획의 순서로 이루어지며 기본구상은 수집된 자료들을 종합한 후 개략적인 계획안을 결정하는 단계이다.

003

조경제도에서 단면도를 그리기 위해 평면도에 절단 위치를 표시하고자 한다. 사용할 선의 종류는? (단, KS F 1501을 기준으로 한다.)

① 파선
② 1점쇄선
③ 2점쇄선
④ 실선

해 1점쇄선(가는선)은 물체의 중심선, 기준선, 절단선, 부지경계선(지역구분) 등의 가상선을 나타낸다.

004

우리나라 전통 조경의 설명으로 옳지 못한 것은?

① 연못의 모양은 조롱박형, 목숨수자형, 마음심자형 등 여러 가지가 있다.
② 신선 사상에 근거를 두고 여기에 음양오행설이 가미 되었다.
③ 네모진 연못은 땅, 즉 음을 상징하고 있다.
④ 둥근 섬은 하늘, 즉 양을 상징하고 있다.

해 조롱박형, 목숨수자형, 마음심자형 연못은 일본 정원의 특징이다.

(예) 신지가이케 마음 (心)자형 연못.

하지만 우리나라 연못은 이러한 형태보다 직사각형 형태의 방지형 연못이 대부분을 차지한다.

005

다음 중 일본에서 가장 먼저 발달한 정원양식은?
① 다정식
② 고산수식
③ **회유임천식**
④ 축경식

🅗 **일본조경 순서** - 암기 TIP! **회축평다축**
- **회**유임천식 - **축**산고산수식 - **평**정고산수식 - **다**정식 - **축**경식

006

다음 정원에서의 눈가림 수법에 대한 설명으로 틀린 것은?
① 눈가림은 변화와 거리감을 강조하는 수법이다.
② 이 수법은 원래 동양적인 것이다.
③ 정원이 한층 더 깊이가 있어 보이게 하는 수법이다.
④ **좁은 정원에서는 눈가림 수법을 쓰지 않는 것이 정원을 더 넓어 보이게 한다.**

🅗 눈가림 수법은 변화와 거리감을 강조하는 수법으로 좁은 정원에서 눈가림 수법을 통해 정원을 더 넓어 보이는 효과를 줄 수 있다.

007

조경식물에 대한 옛 용어와 현대 사용되는 식물명의 연결이 잘못된 것은?
① 산다(山茶) - 동백
② 옥란(玉蘭) - 백목련
③ **자미(紫微) - 장미**
④ 부거(芙渠) - 연(蓮)

🅗 배롱나무를 자(紫)색 작은 꽃이 핀다고 자미(紫微)라고 한다.

008

다음 중 고대 이집트의 대표적인 정원수는?
① 파피루스
② 버드나무
③ 장미
④ **시카모어**

🅗 이집트인들은 시카모어(Sycamore)를 신성 시 여겨 사자를 이 나무그늘 아래 쉬게하는 풍습이 있었다.

009

일본의 정원 양식이 아닌 것은?
① 침전식 정원
② 다정식 정원
③ 고산수식 정원
④ **회화 풍경식 정원**

🅗 **일본조경양식**
- 침전식, 임천식, 고산수식, 다정식, 축경식

010

18세기 랩턴에 의해 완성된 영국의 정원 수법으로 가장 적합한 것은?

① 평면기하학식
② 사실주의 자연풍경식
③ 노단건축식
④ 사의주의 자연풍경식

해 영국의 사실주의 자연풍경식 정원 수법은 18세기 랩턴에 의해 완성되었다.

011

원명원 이궁과 만수산 이궁은 어느 시대의 대표적 정원인가?

① 당나라
② 송나라
③ 명나라
④ 청나라

해 원명원 이궁과 만수산 이궁은 청나라 대표 정원이다.
- 창랑정 - 송나라, 사자림 - 원나라, 졸정원과 유원 - 명나라, 온천궁 - 당나라

012

조경의 대상을 기능별로 분류해볼 때 자연공원에 포함되는 것은?

① 경관녹지
② 군립공원
③ 휴양지
④ 묘지공원

해 자연공원법상 자연공원은 국립공원, 도립공원, 군립공원 등이 있다.

013

미국에서 재정적으로 성공하였으며 도시공원의 효시로 국립 공원운동의 계기를 마련한 공원은?

① 센트럴파크
② 세인트제임스파크
③ 뷔테쇼몽 공원
④ 프랭크린파크

해
- **센트럴파크**
  - 미국 뉴욕에 위치한 본격적인 현대 도시공원의 효시, 옴스테드가 설계
- **세인트제임스파크**
  - 런던에서 가장 오래된 공원.
- **뷔테쇼몽 공원**
  - 프랑스 파리 19구에 위치한 공원으로 버려진 암석 채취장을 아름다운 공원으로 재정비
- **프랭크린파크**
  - 미국 보스턴에 위치한 옴스테드가 설계한 공원

014

중세 클로이스터 가든에 나타나는 사분원(四分園)의 기원이 된 회교 정원 양식은?

① 차하르 바그
② 페리스타일 가든
③ 아라베스크
④ 행잉 가든

해 • **페리스타일 가든**
  - 페리스틸리움의 정원 형식. 로마 주택조경의 큰 특징, '주랑식 정원'
• **아라베스크**
  - 아랍인이 창안한 기하학적이고 화려한 무늬를 활용한 정원양식
• **행잉가든**
  - 바빌론에 존재했던 거대한 공중정원

015

다음 중 9세기 무렵에 일본 정원에 나타난 조경 양식은?

① 평정고산수식
② 침전조양식
③ 다정양식
④ 회유임천양식

해 회유임천식(가마쿠라) 12~14세기, 평정고산수식(무로마치) 15세기 후반, 다정식(모모야마) 16세기

016

건설재료용으로 사용되는 목재를 건조시키는 목적 및 건조방법에 관한 설명 중 틀린 것은?

① 균류에 의한 부식 및 벌레의 피해를 예방한다.
② 자연건조법에 해당하는 공기건조법은 실외에 목재를 쌓아두고 기건상태가 될 때까지 건조시키는 방법이다.
③ 중량경감 및 강도, 내구성을 증진시킨다.
④ 밀폐된 실내에 가열한 공기를 보내서 건조를 촉진시키는 방법은 인공건조법 중에서 증기건조법이다.

해 ④ 열기건조법에 대한 설명이다.

017

목재의 구조에 대한 설명으로 틀린 것은?

① 춘재와 추재의 두 부분을 합친 것을 나이테라 한다.
② 목재의 수심 가까이에 위치하고 있는 진한색 부분을 변재라 한다.
③ 생장이 느린 수목이나 추운 지방에서 자란 수목은 나이테가 좁고 치밀하다.
④ 춘재는 빛깔이 엷고 재진이 연하다.

해 • 목재의 수심에 가까이 위치하고 있는 진한색 부분은 심재이다.
• 심재는 강도가 크고 수축변형에 강하고 색깔이 짙다.
• 변재는 색깔이 연하며 수액통로, 양분저장소 역할을 한다.

018
석재를 조성하고 있는 광물의 조직에 따라 생기는 눈의 모양을 가리키며, 돌결이라는 의미로 사용되기도 하고, 조암광물 중에서 가장 많이 함유된 광물의 결정벽면과 일치함으로 화강암에서는 장석의 분리면에 해당되는 것은?
① 층리
② 편리
③ 석목
④ 석리

019
봄에 강한 향기를 지닌 꽃이 피는 수종은?
① 치자나무
② 서향
③ 불두화
④ 튤립나무

020
다음 중 서양식 정원에서 많이 쓰이는 디딤돌 놓기 수법은 어느 것인가?
① 직선타(直線打)
② 삼연타(三連打)
③ 사삼타(四三打)
④ 천조타(千鳥打)

해 · 직선타 : 일정 간격으로 직선을 그리며 단조롭게 배석
· 삼연타 : 세 개씩 이어 붙여 배석, 걷기에 불편
· 사삼타 : 세 개씩 배석 뒤 이어서 네 개씩 반복 배석
· 천조타 : 새가 걸어간 발자국 모양으로 어긋나게 배석, 걷기에 편리

021
다음 중 붉은 색의 단풍이 드는 수목들로 구성된 것은?
① 낙우송, 느티나무, 백합나무
② 칠엽수, 참느릅나무, 졸참나무
③ 감나무, 화살나무, 붉나무
④ 이깔나무, 메타세콰이어, 은행나무

022
1년 내내 푸른 잎을 달고 있으며 잎이 바늘처럼 뾰족한 나무를 무엇이라 하는가?
① 상록 활엽수
② 상록 침엽수
③ 낙엽 활엽수
④ 낙엽 침엽수

023
다음 포장재료 중 광장 등 넓은 지역에 포장하며, 바닥에 색채 및 자연스런 문양을 다양하게 할 수 있는 소재는?
① 벽돌
② 우레탄
③ 자기타일
④ 고압블럭

해 우레탄은 아름다운 색상이나 문양을 넓은 지역에 다양하게 포장 가능하다.

024

주철강의 특성 중 틀린 것은?
① 선철이 주재료이다.
② 내식성이 뛰어나다.
③ 탄소 함유량은 1.7~6.6%이다.
④ **단단하여 복잡한 형태의 주조가 어렵다.**

해 주철의 성질
- 주조성이 우수하고 복잡한 부품의 성형이 가능하다.
- 가격이 저렴하다.
- 잘 녹슬지 않고 칠(도색)이 좋다.
- 마찰저항이 우수하고 절삭가공이 쉽다.
- 압축강도가 인장강도에 비하여 3~4배 정도 좋다.
- 내마모성이 우수하고, 알칼리나 물에 대한 내식성(부식)이 우수하다.

025

생태복원을 목적으로 사용하는 재료로서 가장 거리가 먼 것은?
① 식생매트
② 잔디블록
③ **녹화마대**
④ 식생자루

해 녹화마대는 녹화마대는 천연식물 섬유인 황마(Jute)를 사용해 수목의 줄기감기 및 뿌리분 감기재료로 생태 복원 목적과는 거리가 멀다.

026

물의 이용 방법 중 동적인 것은?
① 연못
② 호수
③ **캐스케이드**
④ 풀

해 케스케이드는 경사지에서 물을 계단 형태의 수로를 따라 높은 곳에서 낮은 곳으로 흘려보내는 계단폭포이다. 폭포, 분수, 벽천, 캐널 및 캐스케이드 등은 물의 동적인 이용방법이며 연못, 호수, 풀은 정적인 이용 방법이다.

027

다음 중 줄기가 아래로 늘어지는 생김새의 수간을 가진 나무의 모양을 무엇이라 하는가?
① 쌍간
② 다간
③ 직간
④ **현애**

해
- 쌍간 : 하나의 밑동에서 두 줄기가 나오는 것
- 다간 : 하나의 밑동에서 줄기가 여러 개 나오는 것
- 직간 : 곧은 줄기. 줄기의 선이 힘차고 호쾌
- 현애 : 줄기가 아래로 늘어지는 생김새의 수간을 가진 나무의 모양

028

일반적으로 여름에 백색 계통의 꽃이 피는 수목은?

① 산사나무
② 왕벚나무
③ 산수유
④ **산딸나무**

해 산사나무(흰색 5월) 왕벚나무(흰색 3~4월)
산수유(노랑 2~3월) 산딸나무(흰색 6~7월)

029

목재를 가공해 놓으면 무게가 있어서 보기 좋으나 쉽게 썩는 결점이 있다. 정원 구조물을 만드는 목재 재료로 가장 좋지 못한 것은?

① **라왕**
② 밤나무
③ 낙엽송
④ 소나무

해 라왕은 광택이 있고 빛깔이 아름답지만, 보존성이 떨어지고 습기에 약하며, 충해를 입기 쉬운 단점이 있다. 가공하기 쉽고 접착성이 좋아 합판재로 적당하다.

030

다음 중 산울타리 및 은폐용 수종으로 적당하지 않은 것은?

① 꽝꽝나무
② 호랑가시나무
③ 사철나무
④ **눈향나무**

해 산울타리에는 지엽이 치밀하고 맹아력이 강한 수종에 적당하다. 눈향나무는 수고가 75cm이하로 땅을 기면서 자라므로 산울타리용으로 부적합하다.
(누운향나무 - 눈향나무)

031

다음 중 공기 중에 환원력이 커서 산화가 쉽고, 이온화 경향이 가장 큰 금속은?

① Pb
② Fe
③ **Al**
④ Cu

해 이온화 경향(전자방출) 순서

K - Ca - Na - Ma - Al - Zn - Fe - Ni - Sn - Pb - (H) - Cu - Hg - Pt - Au

· 알루미늄(Al)은 높은 화학 활성 및 강한 환원성으로 산화가 쉽다.

032

시멘트를 만드는 과정에서 일정량의 석고를 첨가하는 목적은?
① 경화촉진
② 초기강도 증진
③ **응결시간 조절**
④ 수밀성 증대

해 시멘트에 첨가하는 석고는 CSA(Calcium Sulfur Aluminate)의 급결을 방지하여 응결시간을 조절하는 것이 주목적이다.

033

석재 중 경석의 겉보기 비중으로 가장 적당한 것은?
① 약 1.0~1.5
② 약 1.6~2.4
③ **약 2.5~2.7**
④ 약 3.0~4.6

해 석재는 겉보기 비중에 따라 경석(2.5~2.7), 준경석(2~2.5), 연석(2미만)으로 분류

034

다른 지방에서 자생하는 식물을 도입한 것을 무엇이라고 하는가?
① 재배식물
② 귀화식물
③ 외국식물
④ **외래식물**

해
- **외래식물**(exotic species)
  - 외국 혹은 국내의 다른 지역에서 들어 온 모든 종
- **귀화식물**(naturalized sp.)
  - 우리나라 비토착종으로서 인위적 또는 자연적인 방법으로 우리나라에 들어와 야생상태에서 스스로 번식하여 생존할 수 있는 종

035

다음 중 수목의 굴취 시에 근원직경을 측정하는 수종으로만 짝지어진 것은?
① **산수유, 산딸나무**
② 잣나무, 측백나무
③ 버즘나무, 은단풍
④ 은행나무, 소나무

해
- 근원직경을 측정하는 수종은 줄기가 갈라지거나 흉고부 측정이 어려운 나무로 느타나무, 단풍나무 **산수유, 산딸나무** 등 대부분의 활엽수가 해당
- 버즘나무, 은행나무 등 일반적인 교목류는 흉고직경, 잣나무, 소나무 등 침엽수는 수관폭(W)으로 나타낸다.

036

석축 공사의 설명으로 부적합한 것은?

① 자연석 쌓기의 이음매는 돌과 돌 사이에 모르타르 굳혀 가면서 쌓는다.
② 견치석 쌓기에서는 터파기를 하고 잡석과 콘크리트를 사용하여 연속기초를 만든다.
③ 석축의 높이가 높을 때에는 군데군데 물 뺌 구멍을 뚫어 놓는다.
④ 호박돌 쌓기는 규칙적인 모양으로 쌓는 것이 보기에 자연스럽다.

해 자연석 쌓기에서 돌과 돌사이에는 양질의 흙을 채워 넣고 철쭉, 회양목 등의 관목류나 초화류 등을 틈새에 식재한다.

037

다음 중 들잔디의 관리 설명으로 옳지 않는 것은?

① 해충은 황금충류가 가장 큰 피해를 준다.
② 들잔디의 깎기 높이는 2~3cm로 한다.
③ 뗏밥은 초겨울 또는 해동이 되는 이른 봄에 준다.
④ 병은 녹병의 발생이 많다.

해 뗏밥은 한지형 잔디의 경우 봄, 가을에 주고 우리나라 들잔디와 같은 난지형 잔디의 경우 생육이 왕성한 6~8월에 준다.

038

비탈면의 기울기는 관목 식재 시 어느 정도로 하는 것이 좋은가?

① 1:0.3보다 완만하게
② 1:2보다 완만하게
③ 1:4보다 완만하게
④ 1:6보다 완만하게

039

화단에 꽃을 갈아 심을 때의 요령이다. 잘못 설명된 것은?

① 화단의 변두리로부터 중앙부로 심어간다.
② 흙이 밟혀 굳어지지 않도록 널빤지를 놓고 심는다.
③ 꽃이 피기 시작하는 것을 심는다.
④ 만개 되었을 때를 생각하여 적당한 간격으로 심는다.

해 화단의 중앙부에서 변두리로 나오면서 심어간다.

040

다음 중 잔디밭의 넓이가 165㎡ (약 50평) 이상으로 잔디의 품질이 아주 좋지 않아도 되는 골프장의 러프지역, 공원의 수목지역 등에 많이 사용하는 잔디 깎는 기계는?

① 핸드모우어
② 그린모우어
③ 로타리모우어
④ 갱모우어

041

소나무류의 순따기에 알맞은 적기는?

① 1~2월
② 3~4월
③ 5~6월
④ 7~8월

해 소나무 순따기는 해마다 5~6월경 새순이 5~10cm 자라난 무렵 실시한다.

042

마운딩(mounding)의 기능으로 옳지 않은 것은?

① 유효토심확보
② 자연스러운 경관 연출
③ 공간연결의 역할
④ 배수방향조절

해 마운딩은 미관상, 기능상 작은 언덕을 인위적으로 만드는 것으로 식물의 생육환경 조성을 위한 유효토심 확보, 자연스러운 경관 연출, 배수방향조절, 차폐와 방음 등의 기능을 하지만 공간을 연결하는 역할은 하지 않는다.

043

관리 업무의 수행 중 직영 방식의 장점이 아닌 것은?

① 긴급한 대응이 가능하다.
② 관리 책임이나 책임 소재가 명확하다.
③ 전문가를 합리적으로 이용할 수 있다.
④ 이용자에게 양질의 서비스가 가능하다.

해 전문가의 합리적 이용은 도급방식의 장점이다.

044

중앙에 큰 맹암거를 중심으로 하여 작은 맹암거를 좌우에 어긋나게 설치하는 방법으로 평탄한 지역에 가장 적합한 형태로 설치되고 있는 맹암거 배치 형태는?

① 어골형
② 빗살형
③ 부채살형
④ 자유형

해 어골형 (생선뼈모양) 맹암거 배치에 대한 설명이다.

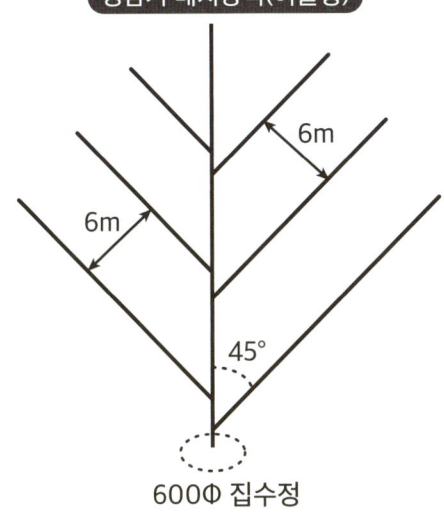

045

구조용 재료의 단면 도시기호 중 강(鋼)을 나타낸 것으로 가장 적합한 것은?

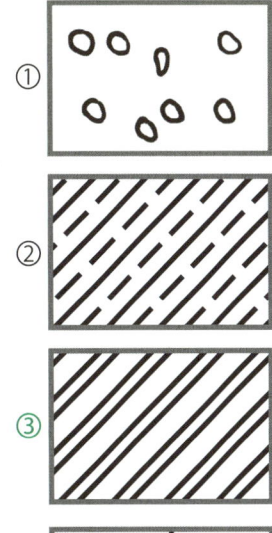
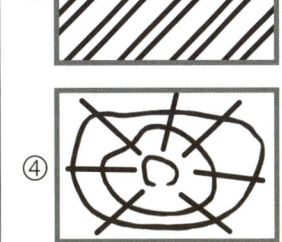

046

다음 중 방위각 150°를 방위로 표시하면 어느 것인가?

① N 30°E
② **S 30°E**
③ S 30°W
④ N 30°W

해 150도는 남남동쪽에 해당한다. (S 30°E의 뜻은 정남쪽(180°)에서 동쪽으로 30°이동한 방향)

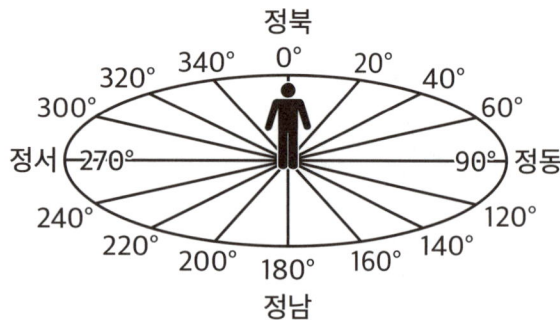

047

다음 중 수관 폭을 형성하는 가지 끝 아래의 수관선을 기준으로 환상으로 깊이 20~25cm, 나비 20~30cm 정도로 둥글게 파서 거름을 주는 방법은?

① **윤상 거름주기**
② 방사상 거름주기
③ 천공 거름주기
④ 전면 거름주기

해 윤상 거름주기에 대한 설명이다.

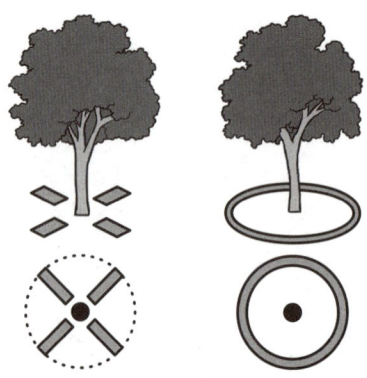

방사상 거름주기   윤상 거름주기

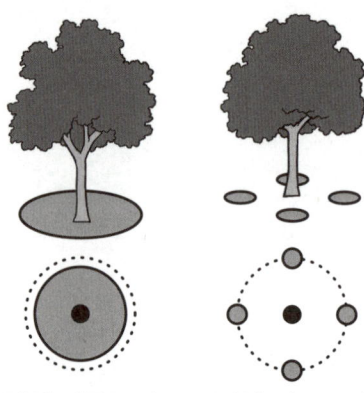

전면 거름주기   점상 거름주기

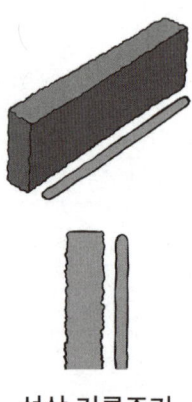

선상 거름주기

048

발주자와 설계용역 계약을 체결하고 충분한 계획과 자료를 수집하여 넓은 지식과 경험을 바탕으로 시방서와 공사내역서를 작성하는 자를 가리키는 용어는?

① 수급인
② **설계자**
③ 현장대리인
④ 감리원

049

다음 중 큰 나무의 뿌리돌림에 대한 설명으로 가장 거리가 먼 것은?

① 굵은 뿌리 절단 시는 톱으로 깨끗이 절단한다.
② **뿌리 돌림을 한 후에 새끼로 뿌리분을 감아두면 뿌리의 부패를 촉진하여 좋지 않다.**
③ 굵은 뿌리를 3~4개 정도 남겨둔다.
④ 뿌리 돌림을 하기 전 수목이 흔들리지 않도록 지주목을 설치하여 작업하는 방법도 좋다.

해 뿌리돌림은 뿌리분에 미리 새로운 잔뿌리(세근)을 발달시켜 이식 후 활착율을 높이기 위한 작업으로 뿌리돌림 후에는 뿌리분이 깨져 상처가 나는 것을 방지하기 위해 새끼줄로 강하게 감고, 분 밑부분 잔뿌리 제거해 준다.

050

조경수목의 단근작업에 대한 설명으로 틀린 것은?

① 뿌리 기능이 쇠약해진 나무의 세력을 회복하기 위한 작업이다.
② 잔뿌리의 발달을 촉진시키고, 부리의 노화를 방지한다.
③ **굵은 뿌리는 모두 잘라야 아랫가지의 발육이 좋아진다.**
④ 땅이 풀린 직후부터 4월 상순까지가 가장 좋은 작업 시기다.

해 이식력이 좋지 못한 굵은 뿌리는 선택적으로 잘라준다.

051

개화 결실을 목적으로 실시하는 정지, 전정 방법 중 옳지 못한 것은?

① **약지는 길게, 강지는 짧게 전정해야 한다.**
② 묵은 가지나 병충해 가지는 수액유동 전에 전정한다.
③ 작은 가지나 내측으로 뻗은 가지는 제거한다.
④ 개화 결실을 촉진하기 위해 가지를 유인하거나 단근 작업을 실시한다.

해 약지는 짧게, 강지는 길게 하되 수세를 봐 가면서 적당한 길이로 전정한다.

052

장미, 단풍나무, 배롱나무, 벚나무 등에 많이 발생하며, 석회유황합제 살포로 방제할 수 있는 병해는?

① **흰가루병**
② 녹병
③ 빗자루병
④ 그을음병

053

설치비용은 비싸지만 열효율이 높고 투시성이 좋으며 관리비도 싸서 안개지역, 터널 등의 장소에 설치하기 적합한 조명등은?

① 할로겐등
② 고압수은등
③ **저압나트륨등**
④ 형광등

054

수목의 식재품 적용 시 흉고직경에 의한 식재품을 적용하는 것이 가장 적합한 수종은 어느 것인가?

① 산수유
② 꽃사과
③ **은행나무**
④ 백목련

해 은행나무, 버즘나무 등 일반적인 교목류는 흉고직경을 적용하고, 근원직경을 측정하는 수종은 줄기가 갈라지거나 흉고부 측정이 어려운 나무로 산수유, 꽃사과, 백목련 등 대부분의 활엽수는 근원직경을 적용한다.

055

콘크리트의 배합의 종류로 틀린 것은?

① 시방배합
② 현장배합
③ **시공배합**
④ 질량배합

해 콘크리트 배합에는 시방, 현장, 질량배합이 있다.

056

수목의 생리상 이식시기로 가장 적당한 시기는?

① 새잎이 나온 후

② 뿌리 활동이 시작되기 직전

③ 뿌리 활동이 시작된 후

④ 한창 생장이 왕성한 때

해 수목의 생리상 이식시기는 뿌리 활동이 시작되기 직전이 가장 적당하다. 이른 봄 세포눈은 영상 5℃를 넘으면 세포분열을 시작하므로, 겨울눈이 트기 2~3주 전 뿌리가 새뿌리를 만들기 직전에 나무를 이식하는 것이 가장 좋다.

057

기계가 서 있는 위치보다 낮은 곳의 굴착에 용이하며, 넓은 면적을 팔 수 있으나 파는 힘은 그리 강력하지 못하고, 연질지만 굴착, 모래채취, 수중 흙 파 올리기에 주로 이용하는 토공사 장비의 종류는?

① 백호

② 파워셔블

③ 불도저

④ 드래그라인

058

다음 중 방사형 시비 방법으로 적당한 것은?

①

②

③

④

해 방사형 시비는 1회차에는 수목을 중심으로 2개소에 시비하고, 2회차에는 1회차 시비의 중간위치 2개소에 시비 후 복토하는 방식이다.

059

골담초(Caragana sinica Rehder)에 대한 설명으로 틀린 것은?

① 콩과(科) 식물이다.

② 꽃은 5월에 피고 단생한다.

③ 생장이 느리고 덩이뿌리로 위로 자란다.

④ 비옥한 사질양토에서 잘 자라고 토박지에서도 잘 자란다.

해 골담초는 내한성과 내건성이 강하며 생장이 빠르고 위로 자란다.

060

주로 감람석, 섬록암 등의 심성암이 변질된 것으로 암녹색 바탕에 흑백색의 아름다운 무늬가 있으며, 경질이나 풍화성이 있어 외장재보다는 내장 마감용 석재로 이용되는 것은?

① 사문암
② 안산암
③ 점판암
④ 화강암

해 사문암은 감람석이 변질된 것으로 색조는 암녹색 바탕에 흑백색의 아름다운 무늬가 있고 풍화성이 있어서 외벽보다는 실내장식용으로서 대리석과 유사하며 그 대용으로도 이용된다.

모의고사 문제형 2회

001

다음 중 비스타(Vista)에 대한 설명으로 가장 잘 표현된 것은?

① 서양식 분수의 일종이다.
② 차경을 말하는 것이다.
③ 스페인 정원에서는 빼 놓을 수 없는 장식물이다.
④ 정원을 한층 더 넓게 보이게 하는 효과가 있다.

해 비스타(Vista)는 통경선이라고도 하며, 시선을 한 방향으로 유도하기 위해 가로수 등을 일정한 향향으로 축선을 형성하여 풍경을 배치하는 구성 수법한다.

002

주택의 정원 내에서 가장 중요한 공간으로서 휴식과 단란이 이루어지는 공간과 가장 관련이 깊은 것은?

① 안뜰(主庭)
② 앞뜰(前庭)
③ 뒤뜰(後庭)
④ 작업뜰(作業庭)

해
- 안뜰
  - 주택의 정원 내에서 가장 중요한 공간으로 휴식과 단란을 위한 공간, 한 주제를 강조하거나 특색있게 꾸밀수 있는 공간
- 앞뜰
  - 대문과 현관사이의 전이공간으로 주택의 첫인상 좌우하며, 보통 입구로서의 단순성 강조
- 뒤뜰
  - 외부로부터의 시각적, 기능적 차단으로 프라이버시가 최대한 보장되는 정숙한 공간, 침실에서의 전망이나 동선을 살린다.
- 작업뜰
  - 연장을 보관하거나 작업을 할수 있는 공간 주로 주방, 세탁실, 다용도실, 저장고와 연결, 장독재, 빨래터, 건조장등의 기능을 한다.

003

다른 원리에 비해 생명감이 강하며 활기 있는 표정과 경쾌한 느낌을 주는 것은?

① 율동
② 통일
③ 대칭
④ 균형

004

회교문화의 영향을 입어 독특한 정원 양식을 보이는 곳은?

① 스페인정원
② 프랑스정원
③ 영국정원
④ 이탈리아정원

해 스페인 정원은 회교(이슬람교)의 영향을 받았으며 중정(Patio 파티오)이 가장 특징적이라 할 수 있다. 원색의 색채타일, 분수, 매듭무늬화단, 화려한 식물 등으로 섬세하게 표현하였다. 세비야의 알카시르(Alcazar)와 4개의 중정을 가진 알함브라 궁원, 헤네랄리페 이궁 등이 유명하다.

005

일본의 독특한 정원양식으로 여행 취미의 결과 얻어진 풍경의 수목이나 명승고적, 폭포, 호수, 명산계곡 등을 그대로 정원에 축소시켜 감상하는 것은?

① 축경원
② 평정고산수식 정원
③ 회유임천식 정원
④ 다정

해 축경원은 메이지(명치)(1867~1912)시대 일본의 특징적인 정원문화로 자연풍경을 그대로 축소시켜 묘사하였다.

006

도시공원 및 녹지 등에 관한 법률에서 어린이공원의 설계기준으로 틀린 것은?

① 유치거리는 250m 이하, 1개소의 면적은 1500㎡ 이상의 규모로 한다.
② 휴양시설 중 경로당을 설치하여 어린이와의 유대감을 형성할 수 있다.
③ 유희시설에 설치되는 시설물에는 정글짐, 미끄럼틀, 시소 등이 있다.
④ 공원 시설 부지면적은 전체 면적의 60% 이하로 하여야한다.

해 어린이 공원은 정적인 휴식공간과 동적인 놀이공간 및 문화공간 구성할 수 있으며 경로당 설치는 적합하지 않다.

007

우리나라에서 대중을 위해 만들어진 최초의 공원은?

① **파고다공원**
② 남산공원
③ 사직공원
④ 장충공원

해 • 파고다공원(탑골 공원)
- 1897년 고종때 원각사 터에 영국인 브라운의 건의로 조성된 최초의 대중적 공원이다.
• 남산공원
- 1940년 3월 12일 남산 일대가 공원으로 지정되어 1968년 9월 2일에 개원
• 사직공원
- 조선 태조가 한양 천도 후 궁궐, 종묘를 지을 때 함께 지은 사직단이 있는 곳으로 1921년 사직단 주변이 공원으로 조성
• 장충공원
- 장충단 공원은 을미사변 때 순국한 충신, 열사들을 제사하기 위해 1900년 9월 고종이 '장충단'이라는 사당을 설치한 데서 비롯, 일제 강점기인 1919년에 장충단 일대에 벚나무를 심어 일본식 공원으로 조성

008

먼셀의 색상환에서 BG는 무슨 색인가?

① 연두
② 남색
③ **청록**
④ 노랑

해 먼셀의 10색 상환은 기본5색인 빨강(R), 노랑(Y), 녹색(G), 파랑(B), 보라(P) 사이에 주황(YR), 연두(GY), 청녹(BG), 남색(PB), 자주색(RP)을 넣어 10가지 색으로 분할한 것으로 BG(blue Green)는 청록색이다.

009

다음 중 휴게시설물로 분류할 수 없는 것은?

① 퍼걸러(그늘시렁)
② 평상
③ **도섭지(발물놀이터)**
④ 야외탁자

해 도섭지는 분수, 연못과 같은 물을 이용한 수경시설로 분류된다. 따라서 수경공사에 필수적인 방수공사, 포장공사 등이 필요하다.

010

주택 정원을 설계할 때 일반적으로 고려할 사항이 아닌 것은?

① 무엇보다도 안전 위주로 설계해야 한다.
② 시공과 관리하기가 쉽도록 설계해야 한다.
③ **특수하고 귀중한 재료만을 선정하여 설계해야 한다.**
④ 재료는 구하기 쉬운 재료를 넣어 설계한다.

011

주축선을 따라 설치된 원로의 양쪽에 짙은 수림을 조성하여 시선을 주축선으로 집중시키는 수법을 무엇이라 하는가?

① 테라스(terrace)
② 파티오(patio)
③ **비스타(vista)**
④ 퍼골러(pergola)

012

골프장에 사용되는 잔디 중 난지형 잔디는?

① **들잔디**
② 벤트그라스
③ 캔터키블루그라스
④ 라이그라스

[해] • 난지형 잔디
 - 들잔디, 금잔디, 비단잔디, 갯잔디, 버뮤다그라스
• 한지형 잔디
 - 벤트그라스, 캔터키블루그라스, 라이그라스, 톨훼스큐, 페레니얼라이그라스, 이탈리안그라스

013

도시공원 및 녹지 등에 관한 법률 시행규칙상 도시의 소공원 공원시설 부지면적 기준은?

① **100분의 20이하**
② 100분의 30이하
③ 100분의 40이하
④ 100분의 60이하

[해] 해당비율에 해당하는 면적을 공원시설로 설치하여야 하며 나머지는 녹지로 조성해야 된다.
 • 소공원 : 20% 이하
 • 어린이공원 : 60% 이하
 • 근린공원 : 40% 이하

014

벽돌로 만들어진 건축물에 태양광선이 비추어지는 부분과 그늘진 부분에서 나타나는 배색은?

① 톤 인 톤(tone in tone) 배색
② **톤 온 톤(tone on tone)**
③ 까마이외(camaïeu) 배색
④ 트리콜로르(tricolore) 배색

[해] • 톤 인 톤(tone in tone) 배색
 - 동일한 톤(같은 명도와 채도)에서 색상을 달리하는 것
• 톤 온 톤(tone on tone) 배색
 - 동일 색상내에서 톤의 차이를 두어 배색하는 방법(농담 배색)
• 까마이외(camaïeu) 배색
 - 거의 같은 색에 가까운 색을 사용한, 언뜻 보면 한 가지 색으로 보일 정도로 미묘한 차이의 배색
• 트리콜로르(tricolore) 배색
 - 'Tri'라는 프랑스어 '3개의' 의미로 3가지 컬러를 이용한 배색방법

015

전체적인 수목의 질감이 거친 느낌을 가지고 있는 것은?

① 버즘나무
② 철쭉
③ 향나무
④ 회양목

해
- 질감이 거친 느낌의 수목에는 대표적으로 칠엽수(마로니에), 버즘나무(플라타너스)가 있고 잎이 비교적 작아 질감이 고운 느낌의 수목에는 철쭉, 편백, 화백, 삼나무 등이 있다.
- 거친 질감의 수종은 큰 건물이나 서양식 건물에 잘 어울린다.

016

토양수분과 조경 수목과의 관계 중 습지를 좋아하는 수종은?

① 신갈나무
② 소나무
③ 주엽나무
④ 노간주나무

해 주엽나무는 습지를 좋아하는 대표적 수종이다. 그 밖에 낙우송, 메타세쿼이아, 오리나무, 버드나무류 등도 습지를 좋아하는 수종이다.

017

크레오소트유를 사용하여 내용연수가 장기간 요구되는 철도 침목에 많이 이용되는 방부법은?

① 가압주입법
② 표면탄화법
③ 약제도포법
④ 상압주입법

해
- **가압주입법**
  - 압력용기 속에 목재를 넣고 가압하여 방부액(크레오소트유)을 나무 깊이 주입하는 방법으로 내용연수가 장기간 요구되는 철도 침목에 많이 이용
- **표면탄화법**
  - 목재의 표면을 두께 3~12mm 정도 태워 부패 저항성을 증대시키는 방법
- **약제도포법**
  - 가장 일반적 방법으로 목재 건조 후 방부제 도포하는 방법
- **상압주입법**
  - 가압주입법과 달리 방부제 용액 중에 목재를 침지하는 방법

018

목재의 건조 조건목적과 가장 관련이 없는 것은?

① 부패방지
② 사용 후의 수축, 균열방지
③ 강도증진
④ 무늬 강조

해 목재는 건조를 통해 부패를 방지하고 (균류 번식에 필요한 습기 제거), 강도를 증진 시킬 수 있다. 또 수축과 휨 등의 변형을 방지하고, 중량을 감소시켜 운반 및 취급에 편리하게 한다. 무늬 강조와는 관련이 없다.

019

벤치 좌면 재료 가운데 이용자가 4계절 가장 편하게 사용할 수 있는 재료는?

① 플라스틱
② **목재**
③ 석재
④ 철재

020

다음 중 맹아력이 가장 약한 수종은?

① 가시나무
② 쥐똥나무
③ **벚나무**
④ 사철나무

해
- 맹아력이 약한 수종
  - 벚나무, 소나무, 해송, 잣나무, 자작나무, 낙엽송, 밤나무, 향나무, 단풍나무, 감나무
- 맹아력이 강한 수종
  - 가시나무, 쥐똥나무, 사철나무는 모두 맹아력이 강한 수종이다. 그 외 낙우송, 메타세쿼이아, 회양목, 졸참나무, 위성류, 능수버들, 피나무, 화상나무, 피라칸타, 병꽃나무, 회화나무, 양버들, 왕버들, 매화나무, 무궁화, 수수꽃다리, 개나리, 낙상홍, 비자나무, 삼나무, 굴거리나무, 일본잎갈나무, 개잎갈나무, 광나무, 꽝꽝나무, 호랑가시나무, 가중나무, 느티나무 등 많은 수종이 있다.

021

유동화제에 의한 유동화 콘크리트의 슬럼프 증가량의 표준 값으로 적당한 것은?

① 2 ~ 5cm
② **5 ~ 8cm**
③ 8 ~ 11cm
④ 11 ~ 14cm

해 유동화제란 감수제, AE제와 더불어 혼화제의 일종으로 단위수량을 유지하면서 유동성을 향상(슬럼프 증가)시켜 시공성(워커빌리티)을 향상시킨다. 유동화 콘크리트의 슬럼프 증가량의 표준값은 5~8cm 이며, 슬럼프란 굳지 않은 콘크리트의 반죽 질기(consistency)를 나타내는 값으로 클수록 묽다. (유동성이 크다)

022

화단 식재용 초화류의 조건으로 틀린 것은?

① 개화기간이 길 것
② **키가 되도록 클 것**
③ 병해충에 강할 것
④ 꽃이 많이 달릴 것

해 화단에 식재하는 초화류는 생육조건을 고려하여 키가 큰 것은 피하는 것이 좋다.

023

중국 조경에서 많이 이용되었던 중국의 태호석은 어떤 분류에 속하는가?

① 괴석
② 환석
③ 각석
④ 와석

해 태호석(太湖石)은 중국의 쑤저우 부근에 있는 타이후(태호) 주변의 구릉에서 채취하는 까무잡잡하고 구멍이 많은 복잡한 형태로 괴석으로 분류한다. 환석은 고리형, 각석은 각진모양, 와석은 가로로 길게 누운 모양을 뜻한다.

024

건설재료 단면의 경계표시 기호 중 지반면(흙)을 나타낸 것은?

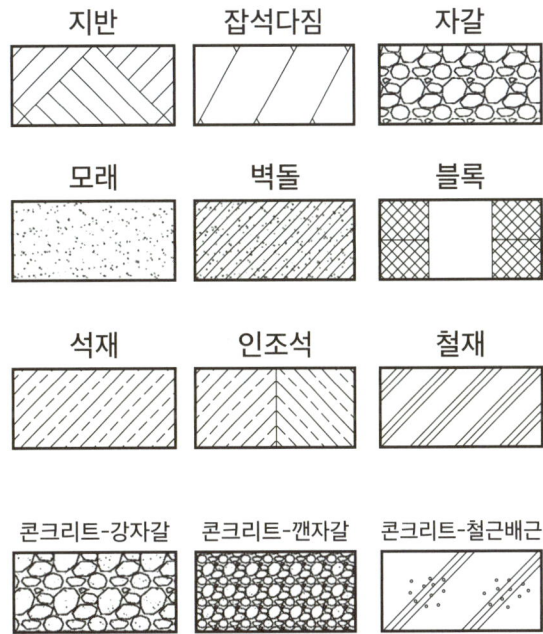

해 건설재료 단면 표시

025

다음 중 수로의 사면보호, 연못바닥, 벽면 장식 등에 주로 사용되는 자연석은?

① 산석
② 호박돌
③ 잡석
④ 하천석

해
- 호박돌(玉石)은 호박형의 천연석으로서 가공하지 않은 지름 18cm 이상의 크기의 돌로 수로의 사면 보호나 연못바닥, 벽면 장식 등에 주로 사용된다.
- 잡석(雜石) : 크기가 지름 10-30cm 정도의 것이 크고 작은 알로 고루고루 섞여져 있으며 형상이 고르지 못한 큰 돌
- 산석과 하천석은 돌의 채취장소에 따라 부르는 말이다.

026

점토 제품 중 돌을 빻아 빚은 것을 1300℃ 정도의 온도로 구웠기 때문에 거의 물을 빨아들이지 않으며, 마찰이나 충격에 견디는 힘이 강한 것은?

① 벽돌 제품
② 토관 제품
③ 타일 제품
④ 도자기 제품

027

다음 중 석재의 표면건조 포화상태의 비중을 구하는 식은? (단, A : 공시체의 건조무게(g), B : 공시체의 침수 후 표면 건조포화 상태의 공시체의 무게(g), C : 공시체의 수중무게(g))

① A/(B+C)
② A/(B-C)
③ C/(A-B)
④ B/(A+C)

해 석재의 표면건조 포화상태의 비중 공식

(건조무게 (A))/(표면 건조포화상태 무게(B) - 수중무게(C))

암기 TIP! 건퍼표수! 건/(표 - 수)

028

지름이 2~3cm 되는 것으로 콘크리트의 골재, 작은 면적의 포장용, 미장용 등으로 사용되는 돌은?

① 왕모래
② 자갈
③ 호박돌
④ 산석

해 지름이 보통 2~3cm(표준품셈 상의 범위는 0.5-7.5cm) 정도의 작고 둥근 돌로 콘크리트의 골재, 작은 면적의 포장용, 미장용 등으로 사용된다.

029

조경용으로 외장타일, 계단타일, 야외탁자를 만드는 것은 어느 재료인가?
① 금속재료
② 플라스틱제품
③ **도자기제품**
④ 시멘트제품

해 조경용 외장타일, 계단타일, 야외탁자는 주로 도자기제품을 사용한다.

030

다음 중 낙우송의 설명으로 옳지 않은 것은?
① 열매는 둥근 달걀 모양으로 길이 2~3cm 지름 1.8~3.0cm의 암갈색이다.
② 종자는 삼각형의 각모에 광택이 있으며 날개가 있다.
③ **잎은 5~10cm 길이로 마주나는 대생이다.**
④ 소엽은 편평한 새의 깃 모양으로서 가을에 단풍이 든다.

해 잎차례(葉序, Phyllotaxis), 잎의 배열에는 마주나기인 대생(對生)과 어긋나기인 호생(互生)이 있는데 낙우송은 호생(어긋나기)이다.

031

합성수지에 관한 설명 중 잘못된 것은?
① 기밀성, 접착성이 크다.
② 비중에 비하여 강도가 크다.
③ 착색이 자유롭고 가공성이 크므로 장식적 마감재에 적합하다.
④ **내마모성이 보통 시멘트콘크리트에 비교하면 극히 적어 바닥 재료로는 적합하지 않다.**

해 합성수지에는 에폭시, 우레탄 등 내수성, 내마모성이 뛰어난 바닥재료들이 많이 있다. 다양한 색상과 문양이 가능하며 시공이 간단하고 유지보수가 편리하여 사무실, 카페, 주차장, 물류창고, 공장 바닥재로 널리 이용된다.

032

토피어리(topiary)란?
① 분수의 일종
② **형상수(形狀樹)**
③ 조각된 정원석
④ 휴게용 그늘막

해 토피어리(형상수)는 수목의 원래의 생김새에 인위적인 손질을 가하여 인공적으로 운치가 다른 수형으로 만든 것, 주목, 회양목, 꽝꽝나무 등 지엽이 치밀하고 맹아력이 강한 수종이 토피어리에 적합하다.

033

시멘트 공장에서 포틀랜드시멘트를 제조할 때 석고를 첨가하는 주요이유는?
① 시멘트의 장기강도 발현성을 높이기 위하여
② 시멘트의 급격한 응결을 조정하기 위하여
③ 시멘트의 건조수축을 작게 하기 위하여
④ 시멘트의 강도 및 내구성 증진을 위하여

해 시멘트에 첨가하는 석고는 CSA(Calcium Sulfur Aluminate)의 급결을 방지하여 응결시간을 조절하는 것이 주목적이다.

034

무근콘크리트와 비교한 철근콘크리트의 특성으로 옳은 것은?
① 공사기간이 짧다.
② 유지관리비가 적게 소요된다.
③ 철근 사용의 주목적은 압축강도 보완이다.
④ 가설공사인 거푸집 공사가 필요 없고 시공이 간단하다.

해 무근콘크리트는 철근콘크리트에 비해 유지보수에 많은 비용이 소모된다.
- 철근을 사용하는 목적은 인장강도의 보완이다. 공사기간이 짧고, 거푸집공사가 필요없는 것은 무근콘크리의 특징이다.

035

음지에서 견디는 힘이 강한 수목으로 짝지은 것은?
① 소나무, 향나무
② 회양목, 눈주목
③ 태산목, 가중나무
④ 자작나무, 느티나무

해 회양목, 눈주목은 음수, 소나무, 향나무, 태산목, 가중나무, 자작나무, 느티나무는 모두 양수

036

골재알의 모양을 판정하는 척도인 실적률(%)을 구하는 식으로 옳은 것은?
① 100 - 조립율(%)
② 조립율(%) - 100
③ 공극율(%) - 100
④ 100 - 공극율(%)

해 골재알이 차지하는 비율인 실적률(%)은 100%에서 빈공간의 비율 공극율(%)을 제하여 구한다.

037

도로에 배수관이 설치되는 경우 L형 측구 몇 m 마다 우수거를 설치해야 하는가?
① 10m
② 15m
③ 20m
④ 40m

038

다음 중 소나무류 순자르기에 가장 적당한 시기는?

① 봄
② 여름
③ 가을
④ 겨울

해 소나무 순자르기(순따기)는 해마다 5~6월경 새순이 5~10cm 자라난 무렵 실시한다.

039

다음 중 나무의 가지다듬기에서 다듬어야 하는 가지가 아닌 것은?

① 밑에서 움돋는 가지
② 교차한 가지
③ 아래를 향해 자란 가지
④ 위를 향해 자라는 가지

해 가지다듬기에서 우선적으로 잘라버려야 할 가지는 밑에서 움돋는 가지(맹아지), 말라죽은 가지(고사지), 웃자람 가지(도장지), 교차한 가지, 평행지, 대생지, 포복지 등이다. 위를 향해 자라는 가지는 정상가지이다.

040

조경공간에서의 휴지통에 대한 설명 중 틀린 것은?

① 통풍이 좋고 건조하기 쉬운 구조로 한다.
② 내화성이 있는 구조로 한다.
③ 쓰레기를 수거하기 쉽도록 한다.
④ 지저분하므로 눈에 잘 띄지 않는 장소에 설치한다.

해 휴지통은 눈에 잘 띄는 찾기 쉬운 장소에 설치한다.

041

다음 중 잎에 등황색의 반점이 생기고 반점으로부터 붉은 가루가 발생하는 병으로 한국잔디에 대표적으로 발생하는 것은?

① 붉은녹병
② 달라스폿(doller spot)
③ 푸사륨 패치(Fusarium patch)
④ 황화현상

해
• 붉은 녹병은 엽맥에 불규칙한 적갈색의 반점이 보이기 시작할 때 즉 5~6월, 9월 중순~10월 하순에 붉은 가루가 발생하는 병으로 한국잔디에 대표적으로 발생하며 디니코나졸로 방제한다.
• 달라스팟(동전마름병)은 병반의 크기가 3cm 정도로 동전만 하게 나타나며 난지형 잔디와 한지형 잔디를 막론하고 적응력이 뛰어나 다양한 살균제에 저항성을 보이기 때문에 방치 시 급속히 확산된다.
• 푸사륨 패치는 황화병과 유사한 병징을 보이며 이른 봄, 전년도에 질소비료 과잉으로 발생, 병반의 크기는 30~50cm정도이며 동양 잔디에서 많이 발생한다.
• 황화현상은 주로 한지형잔디가 고온 다습한 기후조건에서 뿌리 기능이 쇠퇴하여 발생한다.

042

노목이나 쇠약해진 나무의 보호대책으로 가장 옳지 않은 것은?

① 유기질거름보다는 무기질거름 만을 수시로 나무에 준다.
② 말라죽은 가지는 밑동으로부터 잘라내어 불에 태워 버린다.
③ 바람맞이에 서 있는 노목은 받침대를 세워 흔들리는 것을 막아준다.
④ 나무 주위의 흙을 자주 갈아엎어 공기유통과 빗물이 잘 스며들게 한다.

[해] 노목에는 유기질과 무기질이 모두들어 있는 거름을 양을 줄이고 묽게 타서 수세의 유지관리 정도로 준다. 노목은 유기질 비료를 줄이고 질소량을 10%정도 많게 해주는 것이 좋으나, 무기질거름만을 주는 것은 옳지 않다.

043

콘크리트 포장에 관한 설명 중 옳지 않은 것은?

① 보조 기층을 튼튼히 해서 부동침하를 막아야 한다.
② 두께는 10cm 이상으로 하고, 철근이나 용접철망을 넣어 보강한다.
③ 물·시멘트의 비율은 60% 이내, 슬럼프의 최대값은 5cm 이상으로 한다.
④ 온도변화에 따른 수축·팽창에 의한 파손 방지를 위해 신축줄눈과 수축줄눈을 설치한다.

[해] 포장용 콘크리트 배합 기준은 슬럼프의 최대값이 10cm 이하여야 한다.

044

토공사에서 흐트러진 상태의 토양변화율이 1.1일 때 토공사에서 터파기량이 10m³, 되메우기량이 7m³ 일 때 잔토처리량은?

① 3m³
② 3.3m³
③ 7m³
④ 17m³

[해] 되메우기량과 잔토처리량 구하는 공식

어떤 기초구조부 설치를 위한 터파기에서
되메우기량 = 터파기량 - 기초구조부의 체적

암기 TIP! 되=터-기

잔토처리량 = 터파기량 - 되메우기량

일단 한번 파내어 흐트러진 상태의 토양은 부피가 변하므로 마지막으로 토양변화율을 곱해주어야 한다. (문제에서 주어짐)

문제에서
터파기량 10m³이고, 되메우기량이 7m³이므로
잔토처리량 = 터파기량 - 되메우기량
= 10m³ - 7m³ = 3m³
여기에 토양변화율 1.1 곱해주면 3 X 1.1 = 3.3m³

045

진딧물 구제에 적당한 약제가 아닌 것은?

① 디디브이피제(DDVP)
② 포스팜제(다이메크론)
③ 메타유제(메타시스톡스)
④ 만코지제(다이센 M45)

[해]
- 만코지제(다이센 M45)은 검은점 무늬병, 탄저병 등 구제에 적합하다.
- 진딧물 구제에는 대표적으로 메타시스톡스, 포스팜제, 디디브이피제가 있다.

046

실내조경 식물의 잎이나 줄기에 백색 점무늬가 생기고 점차 퍼져서 흰 곰팡이 모양이 되는 원인으로 옳은 것은?

① 탄저병
② 무름병
③ 흰가루병
④ 모자이크병

해 • **흰가루병**
  - 잎, 줄기, 과실에 발생하나 주로 잎에 많이 발생한다. 감염부위에 하얀 균총이 표면에 부분적으로 나타나고, 심하면 잎 전면에 밀가루를 뿌려 놓은 것 같은 증상이 점차 퍼져 흰 곰팡이 모양이 된다.
• **탄저병**
  - 잎, 줄기, 꼬투리, 종자에 발생하며, 갈색의 다각형 병반으로 나타나고, 병이 진전되면 갈색 내지 암갈색의 부정형 병반으로 확대된다. 오래된 병반은 담황색으로 변하고, 까만 점이 보이며, 잘 찢어진다. 감염 시 조기 낙엽으로 심각한 수량 감소가 초래된다.
• **무름병**
  - 초기에 밑부분에 있는 잎 또는 줄기부터 발병해서 뜨거운 물에 데친 것 같은 반점이 생기나 급격히 확대되며 결국에는 속까지 연화, 부패하게 된다. 배추에서 가장 피해가 큰 병해이다.
• **모자이크병**
  - 진딧물에 의해 감염된다. 새로 나온 잎의 잎맥이 투명하게 되며, 이후에는 암녹색의 모자이크로 나타나게 된다. 심하게 감염된 그루는 위축되고, 잎이 기형이 된다.

047

소나무에 많이 발생하는 솔나방의 구제에 가장 효과적인 농약은? (단, 월동 유충 활동기(4~5월) 및 부화유충 발생기(8월 하순~9월 중순)가 사용 적기이다.)

① 안코제브수화제(다이센엠-45)
② 캡탄수화(경농캡탄)
③ 폴리목신디·티오파네이트메킬수화제(보람)
④ 트리클로로폰수화제(디프록스)

해 솔나방 구제에는 **디프제(디프록스)**, 트리클로로폰수화제를 사용한다.

암기 TIP! 솔디!

048

모래밭 조성에 관한 설명이다. 가장 옳지 않는 것은?

① 하루에 4~5시간의 햇볕이 쬐고 통풍이 잘되는 곳에 설치한다.
② 모래밭은 가능한 휴게시설에서 멀리 배치한다.
③ 모래밭의 깊이는 놀이의 안전을 고려하여 30cm 이상으로 한다.
④ 가장자리는 방부 처리한 목재를 사용하여 지표보다 높게 모래막이 시설을 해준다.

해 모래밭(모래놀이터)은 어린이 놀이공간으로 아이들의 안전과 휴식을 고려하여 휴게시설과 가까이 있는 것이 좋다.

049

벽돌포장에 관한 설명으로 옳지 않은 것은?
① 질감이 좋고 특유한 자연미가 있어 친근감을 준다.
② 마멸되기 쉽고 강도가 약하다.
③ 다양한 포장패턴을 연출할 수 있다.
④ 평깔기는 모로세워 깔기에 비해 더 많은 벽돌수량이 필요하다.

해 모로세워 깔기가 평깔기에 비해 더 많은 벽돌수량이 필요하다.

050

과다 사용 시 병에 대한 저항력을 감소시키므로 특히 토양의 비배관리에 주의해야 하는 무기성분은?
① 질소
② 규산
③ 칼륨
④ 인산

해 질소질 비료의 과다사용 시 병해충에 대한 저항력을 감소시키고 열매를 맺는 작물의 경우 착과나 품질에 나쁜 영향을 준다. 또한 질소 과용 시 칼슘 흡수가 억제되어 칼슘 결핍증이 유발된다.

051

잔디의 병해 중 녹병의 방제약으로 옳은 것은?
① 만코제브(수)
② 테부코나졸(유)
③ 에마멕틴벤조에이트(유)
④ 글루포시네이트암모늄(액)

해 잔디 녹병은 테부코나졸(유), 디니코나졸수화제, 헥사코나졸수화제(5%) 살포로 방제

052

수목의 이식 전 세근을 발달시키기 위해 실시하는 작업을 무엇이라 하는가?
① 가식
② 뿌리돌림
③ 뿌리분 포장
④ 뿌리외과수술

053

중앙에 큰 맹암거를 중심으로 작은 맹암거를 좌우에 어긋나게 설치하는 방법으로 경기장 같은 평탄한 지형에 적합하며, 전 지역의 배수가 균일하게 요구되는 지역에 설치하며, 주관을 경사지에 배치하고 양측에 설치하는 특징을 갖는 암거배치 방법은?
① 빗살형
② 부채살형
③ 어골형
④ 자연형

해 어골형 (생선뼈모양) 맹암거 배치에 대한 설명이다.

054

지하층의 배수를 위한 시스템 중 넓고 평탄한 지역에 주로 사용되는 것은?

① 자연형
② 차단법
③ 어골형, 평행형
④ 줄치형, 선형

해 어골형과 평행형이 주로 넓고 평탄한 지역에 사용된다.

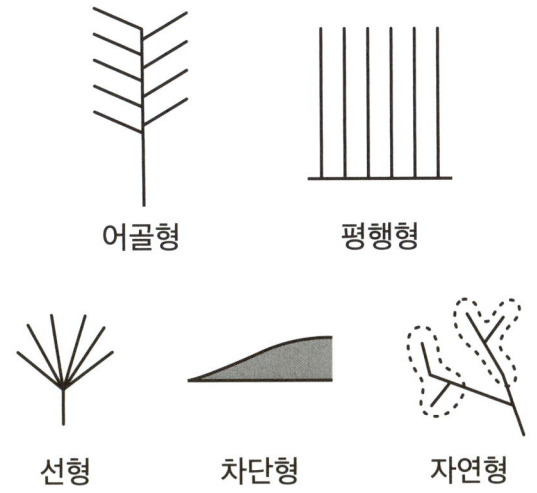

055

설계안이 완공되었을 경우를 가정하여 설계 내용을 실제 눈에 보이는 대로 절단한 면에서 먼 곳에 있는 것은 작게, 가까이 있는 것은 크고 깊이가 있게 하나의 화면에 그리는 것은?

① 평면도
② 조감도
③ 투시도
④ 상세도

해
- **평면도**
  - 평면도는 바닥에서 1m~1.5m 높이에서 건축물을 잘라내고 위에서 내려다본 모습을 나타내는 도면, 모든 설계에 있어서 가장 기본이 되는 도면이다.
- **조감도**
  - 공중의 새의 눈높이에서 바라본 모습이라는 의미로 대상 전체를 바라볼 수 있게 나타낸 도면
- **투시도**
  - 설계안이 완공되었을 경우를 가정하여 설계 내용을 실제 눈에 보이는 대로 절단한 면에서 먼 곳에 있는 것은 작게, 가까이 있는 것은 크고 깊이가 있게 하나의 화면에 그리는 것, 건축주의 이해를 돕기 위해 건물의 외관, 공간의 구조, 색채 등을 실물과 가깝게 작성한 도면
- **상세도**
  - 평면도나 단면도에서 잘 나타나지 않는 세부사항을 시공이 가능하도록 표현한 도면으로, 평면도나 단면도에 비해 확대된 축척을 적용(1:10~1:50)하고 재료, 공법, 치수 등을 자세히 기입한다.

056

공사원가에 의한 공사비 구성 중 안전관리비가 해당되는 것은?
① 간접재료비
② 간접노무비
③ 경비
④ 일반관리비

🅗 안전관리비는 경비에 속한다.

> (순)공사원가의 구성 : 재료비 + 노무비 + 경비

경비는 시공원가 가운데 재료비와 노무비를 제외한 원가로 광열비, 전기사용료, 운반비, 안전관리비, 보험료, 특허사용료 등이 포함된다.

057

소나무 혹병의 환부가 4~5월경에 터져서 흩어져 나오는 포자는?
① 녹포자
② 녹병포자
③ 여름포자
④ 겨울포자

🅗 소나무 혹병의 병원균은 소나무류와 참나무류를 기주교대하는 이종기생균으로 가지나 줄기에 다양한 크기의 혹을 형성하며 4~5월경 소나무의 혹 표면이 갈라지면서 녹포자가 흩어져 나온다. 여름포자는 중간기주인 참나무류에 생긴다. 병든 나무는 고사하지는 않으나 혹이 형성된 병든 부위의 조직이 연약해져 바람 또는 폭설에 부러지기 쉽다. 트리아디메폰 수화제, 테부코나졸 유제로 예방한다.

058

조경공사에서 이식 적기가 아닌 때 식재공사를 하는 방법으로 틀린 것은?
① 가지의 일부를 쳐내서 증산량을 줄인다.
② 증산억제제를 나무에 살포한다.
③ 뿌리분을 작게 만들어 수분조절을 해준다.
④ 봄철의 이식 적기보다 늦어질 경우 이른 봄에 미리 굴취하여 가식한다.

🅗 뿌리분 크기는 크면 클수록 뿌리의 손상이 적어 고사 확률을 줄일 수 있으므로 이식 적기가 아닌 때에는 뿌리분을 조금 크게 해주는 것이 좋다.

059

지형도에서 U자(字)모양으로 그 바닥이 낮은 높이의 등고선을 향하면 이것은 무엇을 의미하는가?
① 계곡
② 능선
③ 평사면
④ 凹 사면

🅗 • 등고선 상에 있는 모든 점들은 같은 높이로 등고선은 같은 높이의 점들을 연결한 것
• 지형도에서 U자모양으로 그 바닥이 낮은 높이의 등고선을 향하면 이것은 능선이다.
• 지형도에서 V자모양으로 그 바닥이 높은 높이의 등고선을 향하면 이것은 계곡이다.

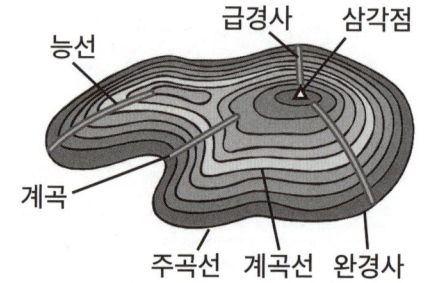

060

벽돌쌓기의 여러 가지 기법 가운데 가장 튼튼하게 쌓을 수 있는 것은?

① 영국식 쌓기
② 미국식 쌓기
③ 네덜란드식 쌓기
④ 프랑스식 쌓기

해 • **영국식 쌓기**
- 길이 쌓기 켜와 마구리 쌓기 켜가 번갈아 반복되게 쌓는 방법으로 모서리나 벽이 끝나는 곳에는 반절이나 2.5토막이 쓰인다. 벽돌쌓기 방법 중 가장 견고하고 튼튼하다.

• **미국식 쌓기**
- 다섯줄은 길이쌓기, 한줄은 마구리쌓기로 번갈아 쌓는 방식, 통줄눈이 생기지 않는다.

• **네덜란드식 쌓기**
- 1.0B 쌓기를 기본으로 한켜는 길이쌓기로 하고 다음은 마구리 쌓기로 번갈아 쌓는 방식, 벽의 모서리 또는 끝에 칠오토막(길이의 3/4를 절단한 벽돌)을 쓴다. 내부에 통줄눈이 생기는 단점이 있으나 시공이 간단하고 모서리가 견고하기 때문에 국내에서 가장 많이 사용된다.

• **프랑스식 쌓기**
- 매 켜에 길이 쌓기와 마구리 쌓기를 번갈아 하는 것으로 구조적으로 취약하여 치장용으로 주로 사용한다.

모의고사 문제형 3회

001

미국에서 하워드의 전원도시의 영향을 받아 도시 교외에 개발된 주택지로서 보행자와 자동차를 완전히 분리하고자 한 것은?
① 웰린(Welwyn)
② 레드번(Rad burn)
③ 레치워어드(Letch worth)
④ 요세미티(Yosemite)

해 • 레드번(Rad burn)
- 영국 하워드의 전원도시 개념을 적용하여 리이트(Wright)와 스타인(Stein)이 계획한 미국의 전원도시, 인구 25,000명 가량을 수용가능한 슈퍼블록(10~20ha)을 계획하여 보행자와 차량을 완전히 분리하고 지역내에는 막다른 골목을 뜻하는 쿨데삭(cul-de-sac)을 적용, 속도 감소효과와 면적의 30% 이상의 녹지를 확보
• 레치워스(Letch worth), 웰린(Welwyn)
- 하워드의 정원 속 도시 '가든시티' 개념에 따라 영국에 세워진 도시
• 요세미티(Yosemite)
- 1890년 지정된 미국의 국립공원, 최초의 국립공원은 1872년 옐로우스톤 공원(Yellow Stone Park)

002

다음 중 가장 가볍게 느껴지는 색은?
① 파랑
② 노랑
③ 초록
④ 연두

해 색상이 주는 가벼움과 무거움의 정도는 주로 명도와 관계가 있다. 명도가 높은 밝은 색은 가벼운 느낌을, 명도가 낮은 어두운 색은 무거운 느낌을 준다. 흰색 또는 밝은 노랑과 같은 색은 가볍게 느껴지며 적자색 또는 진한 붉은색의 경우 무겁게 느끼게 한다.

003

다음 중 혼합시멘트로 가장 적당한 것은?
① 보통시멘트
② 중용열시멘트
③ 조강시멘트
④ 실리카시멘트

해 보통시멘트, 중용열시멘트, 조강시멘트는 포틀랜드 시멘트이고, 실리카시멘트는 혼합시멘트이다.

004

녹지계통의 형태가 아닌 것은?

① 환상형
② 분산형(산재형)
③ 입체분리형
④ 방사형

해 녹지계통의 형태에는 녹지가 여러가지 형태로 분산된 형태의 **분산형**, 도시를 중심으로 5~10Km 폭으로 조성하는 **환상형**, 도시 중심에서 외부로 방사선식 녹지대를 조성하여 도시 내외부의 연결이 좋으며 재난 시 시민들의 빠른 대피에 효과를 발휘하는 녹지형태인 **방사형**, 환상형과 방사형 녹지 형태를 결합한 형태로 가장 많이 이용되는 이상적인 녹지형태인 **방사환상형**이 있다.

005

영국 정형식 정원의 특징 중 매듭화단이란 무엇인가?

① 가늘고 긴 형태로 한쪽 방향에서만 관상할 수 있는 화단
② 수목을 전정하여 정형적 모양으로 만든 미로
③ 카펫을 깔아 놓은 듯 화려하고 복잡한 문양이 펼쳐진 화단
④ 낮게 깎은 회양목 등으로 화단을 기하학적 문양으로 구획한 화단

해 ① 경재화단
② 미원
③ 화문화단(카펫화단)
④ 매듭화단

006

경관 구성의 기법 중 한 그루의 나무를 다른 나무와 연결시키지 않고 독립하여 심는 경우를 말하며, 멀리서도 눈에 잘 띄기 때문에 랜드 마크의 역할도 하는 수목 배치 기법은?

① 점식
② 열식
③ 군식
④ 부등변 삼각형 식재

해
- **점식**
  - 한 그루의 나무를 다른 나무와 연결시키지 않고 독립하여 심어 랜드마크의 역할도 하는 수목 배치 기법
- **열식**
  - 동형, 동수종의 나무를 일정한 간격으로 직선상으로 식재
- **군식**
  - 다수의 수목을 하나의 덩어리로 일정지역을 덮는 방법으로 식재
- **부등변 삼각형 식재**
  - 크고 작은 세 그루의 나무가 부등변 삼각형을 이루도록 서로 간격 달리하되 한 직선위에 서지 않도록 하는 식재

007

잔디밭, 일제림, 독립수 등의 경관에 나타나는 아름다움은?
① 조화미
② **단순미**
③ 점층미
④ 대비미

해
- 단순미 : 한가지 요소로 표현하여 복잡하지 않고 간단한데서 드러나는 아름다움
    (예) 잔디밭, 일제림, 독립수 등
- 조화미 : 모양이나 색깔 등이 비슷비슷하면서도 실은 똑같이 않은 것끼리 균형을 이루는 미
- 점층미 : 형태나 선, 빛깔, 음향 등이 점차 증가 또는 감소함에 따라 느껴지는 아름다움
    - 점층미를 통해 실제 면적보다 10% 더 크고 넓게 느껴지도록 표현 가능
    (예) 키가 작은 나무에서 큰 나무로, 연한 녹색에서 점점 진한 녹색으로 표현)
- 대비미 : 조경공간 구성 재료를 질적, 전혀 다른 것으로 배열하여 서로의 특성이 강조될 때, 보는 사람에게 강한 자극을 주는 조경미
    (예) 소나무의 푸른 수관을 배경으로 한 분홍색 벚꽃, 중국정원의 특징

008

개인주택의 정원이나 아파트 단지 등 공동주택의 조경은 다음 중 어느 곳에 해당하는가?
① 위락 관광시설
② 기타시설
③ **주거지**
④ 공원

009

조경계획을 실시할 때 조사해야 할 자연환경 요소에 해당하지 않는 것은?
① **교통**
② 식생
③ 기상
④ 경관

해 조경계획에서 조사해야 할 요소는 자연환경적 요소와 조사와 인문환경적 요소로 나뉜다.
- 자연환경요소 : 지형, 토양, 식생, 토질, 수문, 야생동물, 기후 등
- 인문환경요소 : 인구, 토지이용, 교통, 시설물 등

010

다음 중 묘원의 정원에 해당하는 것은?
① 보르비꽁트
② 공중정원
③ **타지마할**
④ 알함브라

해 타지마할은 인도 아그라(Agra)의 남쪽, 자무나(Jamuna) 강가에 자리잡은 궁전 형식의 묘지로 무굴제국의 황제였던 샤 자한이 왕비 뭄타즈마할을 추모하여 건축한 것

011

골프장 코스 중 출발지점을 가리키는 것은?

① 티(tee)
② 페어웨이(fair way)
③ 해저드(hazard)
④ 그린(green)

해 출발지점은 티(tee), 페어웨이(fair way)는 티에서 그린까지 구간의 중앙 부분에 있는 코스 대부분을 차지하는 곳, 해저드는 모래벙커 및 언덕 등 장애물을 뜻하며, 그린은 홀이 있는 곳으로 벤트그라스 등 짧게 깎은 고운 잔디로 구성하여 퍼팅으로 공을 굴리기 용이한 지역

012

중국정원의 기원이라 할 수 있는 것은?

① 상림원
② 원정
③ 중앙공원
④ 이화원

해 상림원
- 중국 한나라 무제 때(기원전 138년) 조성된 중국정원의 기원, 70개의 이궁과 곤명호를 비롯한 6개의 대호수를 만들어 3000여종의 꽃나무를 심고 짐승을 사육하며 사냥터와 낚시터로 쓰였다고 한다.

013

시설물의 기초부위에 발생하는 토공량의 관계식으로 옳은 것은?

① 잔토처리 토량 = 되메우기 - 터파기 체적
② 되메우기 토량 = 터파기 체적 - 기초 구조부 체적
③ 되메우기 토량 = 기초구조부 체적 - 터파기 체적
④ 잔토처리량 = 기초구조부 체적 - 터파기 체적

해 터파기 후 기초구조부를 묻고 되메우기 량을 구할 때

되메우기 토량 = 터파기량 - 기초구조부의 체적

암기 TIP! 되 = 터 - 기

터파기 후 기초구조부를 묻고 되메운 후 남는 잔토를 구할 때

잔토처리 토량 = 터파기량 - 되메우기량

014

제도에서 사용되는 물체의 중심선, 절단선, 경계선 등을 표시하는데 가장 적합한 선은?

① 실선
② 파선
③ 1점쇄선
④ 2점쇄선

해 1점쇄선(가는선)은 물체의 중심선, 기준선, 절단선, 부지경계선(지역구분) 등의 가상선을 나타낸다.

015

다음 중 미기후에 대한 설명으로 가장 거리가 먼 것은?

① 계곡의 맨 아래쪽은 비교적 주택지로서 양호한 편이다.
② 야간에는 언덕보다 골짜기의 온도가 낮고, 습도는 높다.
③ 야간에 바람은 산위에서 계곡을 향해 분다.
④ 호수에서 바람이 불어오는 곳은 겨울에는 따뜻하고 여름에는 서늘하다.

해 계곡의 맨 아래쪽은 지형이 낮고 높은 습도로 인해 서리, 안개 등이 잦아 주택지로 적당하지 않다.

016

조경에서 수목의 규격표시와 기호 및 단위가 알맞게 짝지어진 것은?

① 수관폭 - R - cm
② 수고 - D - m
③ 흉고직경 - R - cm
④ 지하고 - BH - m

해 ① 수관폭 - W - m   ② 수고 - H - m
③ 흉고직경 - B - cm   ④ 지하고 - BH - m

017

다음 수종들 중 단풍이 붉은색이 아닌 것은?

① 신나무
② 복자기
③ 화살나무
④ 고로쇠나무

해 고로쇠나무의 단풍은 노란색이다.

018

시멘트의 제조 시 응결시간을 조절하기 위해 첨가하는 것은?

① 광재
② 점토
③ 석고
④ 철분

해 시멘트 제조 시 응결시간 조절을 위해 석고를 첨가한다.

019

다음 중 건축과 관련된 재료의 강도에 영향을 주는 요인이 아닌 것은?

① 하중속도
② 하중시간
③ 재료의 색
④ 온도와 습도

해 재료의 색과 강도는 관련이 없다.

020

다음 중 봄에 개화하는 나무는 아닌 것은?

① 백목련
② 매화나무
③ **백합나무**
④ 수수꽃다리

해 백합나무는 5~6월 개화한다. 백목련(3~4월), 매화나무(남부지방 1~3월, 중부지방 3~4월), 수수꽃다리(4~5월) 개화한다.

021

다음 그림은 어떤 돌쌓기 방법인가?

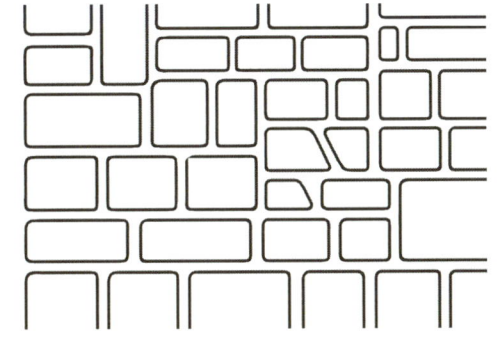

① 층지어쌓기
② **허튼층쌓기**
③ 귀갑무늬쌓기
④ 마름돌 바른층쌓기

마름돌 바른층쌓기

층지어쌓기

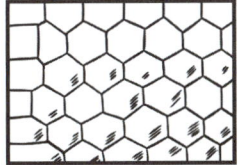
귀갑무늬쌓기

022

플라스틱 제품 제작 시 첨가하는 재료가 아닌 것은?

① 가소제
② 안정제
③ 충진제
④ **A.E제**

해 A.E제(air-entraining admixtures, 공기연행제)는 콘크리트 내부에 미세한 독립된 기포를 발생시켜 콘크리트의 작업성 및 동결융해 저항성능을 향상시키는 콘크리트 혼화제이다. 플라스틱 제품 제조와는 관련이 없다.

023

다음 수종 중 질감이 가장 거친 것은?

① **칠엽수**
② 소나무
③ 회양목
④ 영산홍

해
- 질감이 거친 느낌의 수목에는 대표적으로 칠엽수(마로니에), 버즘나무(플라타너스)가 있고 잎이 비교적 작아 질감이 고운 느낌의 수목에는 소나무, 철쭉, 편백, 화백, 삼나무 등이 있다.
- 거친 질감의 수종은 큰 건물이나 서양식 건물에 잘 어울린다.

024

활엽수이지만 잎의 형태가 침엽수와 같아서 조경적으로 침엽수로 이용하는 것은?
① 은행나무
② 철쭉
③ 위성류
④ 배롱나무

해 위성류는 활엽수이지만 잎의 형태가 침엽수와 같아서 조경적으로 침엽수로 이용된다.

025

일반적인 시멘트의 설명으로 옳은 것은?
① 시멘트의 수화반응 또는 발열반응에서의 발생열을 응고열이라 한다.
② 일반적으로 시멘트라고 불리는 것은 보통 포틀랜드 시멘트를 의미한다.
③ 28일 강도를 초기 강도라 한다.
④ 포틀랜드 시멘트의 비중은 4.05 이상이다.

해 ① 시멘트의 수화반응 또는 발열반응에서의 발생열을 수화열이라 한다.
③ 28일 강도를 설계기준강도라 한다. 설계기준강도란 콘크리트 부재의 설계 시 계산의 기준이 되는 콘크리트 강도로서, 일반적으로 재령 28일의 압축강도를 기준으로 한다.
④ 포틀랜드 시멘트의 비중은 보통 3.15 정도이다.

026

가법혼색에 관한 설명으로 틀린 것은?
① 2차색은 1차색에 비하여 명도가 높아진다.
② 빨강 광원에 녹색 광원을 흰 스크린에 비추면 노란색이 된다.
③ 가법혼색의 삼원색을 동시에 비추면 검정이 된다.
④ 파랑에 녹색 광원을 비추면 시안(cyan)이 된다.

해 가법혼색의 삼원색(빛의 삼원색) 알쥐비 - RGB (빨강 Red, 녹색 Green, 파랑 Blue)를 동시에 바추면 점점 밝아져 백색이 된다. 반면에, 색의 3원색(색료 - 물감)은 시마엘(시안, 마젠타, 옐로우)로 섞으면 점점 어두워져 검정색이 된다. (감법혼색)

027

상록 활엽수이며, 교목인 수종으로 가장 적당한 것은?
① 눈주목
② 녹나무
③ 히말라야시다
④ 치자나무

해 • 녹나무는 상록 활엽수인 교목이다. 높이 20미터, 지름은 약 2미터까지 크고 굵게 자란다.
• 눈주목은 상록 침엽 관목, 히말라야시다는 상록 침엽 교목, 치자나무는 상록 활엽 관목이다.

028

용광로에서 선철을 제조할 때 나온 광석찌꺼기를 석고와 함께 시멘트에 섞은 것으로서 수화열이 낮고, 내구성이 높으며, 화학적 저항성이 큰 한편, 투수가 적은 특징을 갖는 것은?

① 조강 포틀랜드시멘트
② 중용열 포틀랜드시멘트
③ 고로시멘트
④ 실리카시멘트

🅗 고로시멘트에 대한 설명이다.

- **조강 포틀랜드시멘트**
  - 조기강도가 큰 특성을 발휘하는 포틀랜드시멘트
- **중용열 포틀랜드시멘트**
  - 수화열을 낮추어 조기강도보다는 장기강도를 높인 것
- **실리카시멘트**
  - 화학적 저항성이 크고, 수밀성이 뛰어나다. 포졸란 반응(물과 수산화칼슘이 화합하여 불용성 염을 생성 후 경화)에 의해 장기강도 높아 미장용 몰탈에 적합

029

가을에 단풍이 노란색으로 물드는 수종은?

① 붉나무
② 붉은고로쇠나무
③ 담쟁이덩굴
④ 화살나무

🅗 붉은 고로쇠나무의 단풍은 노란색, 붉나무, 담쟁이덩굴, 화살나무의 단풍은 붉은색이다.

030

다음 일반적으로 봄에 가장 먼저 황색 계통의 꽃이 피는 수종은?

① 등나무
② 산수유
③ 박태기나무
④ 벚나무

🅗 산수유 꽃은 노란색으로 3월 중순부터 4월에 개화한다. 등나무 꽃은 보라색(자색)으로 4월~5월에 피며, 박태기나무 꽃은 짙은 분홍색으로 4월에 개화한다. 벚꽃은 흰색 또는 분홍색으로 3월말~4월말 개화한다.

031

다음 중 벽돌의 마름질에 따른 분류 명칭이 아닌 것은?

① 반절벽돌
② 칠오토막벽돌
③ 온장벽돌
④ 인방벽돌

🅗 벽돌을 마름질(토막으로 잘라내는 작업)에 따라 분류하면 온장벽돌, 반절벽돌, 이오토막벽돌(온장의 25%인 1/4크기), 칠오토막벽돌(온장의 75%인 3/4크기) 등으로 나눌 수 있지만, 인방벽돌은 인방(창, 출입구 등 벽면 개구부 위에 보를 얹어 상부 하중을 받는 경우, 이 보를 인방이라 함)의 구조에 적합하도록 특수 제작된 벽돌을 말한다.

032

단위용적중량이 1700kgf/m³, 비중이 2.6인 골재의 공극률은 약 얼마인가?

① 34.6%
② 52.94%
③ 3.42%
④ 5.53%

해 단위용적중량 1700kgf/m³ = 1.7tonf/m³
- 비중 2.6의 의미는 골재가 공극없이 가득차있을 때의 단위용적중량이 2.6이라는 뜻으로 공극이 존재하는 현재의 골재 단위용적중량을 비중으로 나누어 주면 실적률을 구할 수 있다.
- 그런 다음, 100%에서 실적률 만큼 빼주면 공극률이 나온다.

실적률
= (현재 골재의 단위용적중량)/비중×100
= 1.7/2.6×100 = 65.4%

공극률
= 100% - 실적률 = 100% - 65.4%
= 34.6%

033

일반적으로 추운 지방이나 겨울철에 콘크리트가 빨리 굳어지도록 주로 섞어 주는 것은?

① 석회
② 염화칼슘
③ 붕사
④ 마그네슘

해 염화칼슘($CaCl_2$)은 추운 지방이나 겨울철에 콘크리트가 빨리 굳어지도록 하는 경화촉진효과를 내며, 콘크리트 혼화제 중 경화(硬化)시 응결촉진제의 주성분으로 조기강도를 크게 한다.

034

목재의 방부재(preservate)는 유성, 수용성, 유용성으로 크게 나눌 수 있다. 유용성으로 방부력이 대단히 우수하고 열이나 약제에도 안정적이며 거의 무색제품으로 사용되는 약제는?

① PCP
② 염화아연
③ 황산구리
④ 크레오소트

해 PCP(pentachlorophenol 펜타클로르페놀)는 유용성 방부제로 독성이 있으며, 자극적인 냄새가 나며, 색상은 무색이다. 목재의 방부, 방충력이 우수하여 산업용으로 적합하다.

035

목련과(Magnoliaceae) 중 상록성 수종에 해당하는 것은?

① 태산목
② 함박꽃나무
③ 자목련
④ 일본목련

해 태산목은 상록 활엽 교목이다. 함박꽃나무(목련과 낙엽활엽관목), 자목련(낙엽활엽교목), 일본목련(낙엽활엽교목)은 모두 낙엽성 수종이다.

036

골프장의 그린에 주로 식재되어 초장을 4-7mm로 짧게 깎아 관리하는 잔디는?

① 한국 잔디
② 버뮤다 그래스
③ 라이 그래스
④ 벤트 그래스

해 벤트그래스는 한지형잔디로서 내한성이 강하며, 고온에 견디는 힘이 강할 뿐만 아니라, 내음성도 강하다. 연중 녹색을 감상할 수 있어 골프장의 그린에 주로 식재되어 초장을 4-7mm로 짧게 깎아 관리하는 잔디이다.

037

다음 중 보행에 큰 어려움을 느낄 수 있는 지형에서 약 얼마의 경사도를 넘을 때 계단을 설치해야 하는가?

① 3%
② 5%
③ 8%
④ 18%

해 경사가 18%를 초과하는 경우는 보행에 어려움이 발생되지 않도록 계단을 설치한다.

038

일반적으로 빗자루병이 가장 발생하기 쉬운 수종은?

① 향나무
② 대추나무
③ 동백나무
④ 장미

해 대추나무에 빗자루병이 가장 발생하기 쉽다.

039

겨울 전정의 설명으로 틀린 것은?

① 제거 대상가지를 발견하기 쉽고 작업도 용이하다.
② 휴면 중이기 때문에 굵은 가지를 잘라 내어도 전정의 영향을 거의 받지 않는다.
③ 상록수는 동계에 강전정하는 것이 가장 좋다.
④ 12~3월에 실시한다.

해 겨울 전정은 수형을 잡아주기 위해 보통 굵은 가지와 교차지, 역지, 내향지 등을 전정해 주는데 제거 대상가지 발견이 쉽고 작업이 용이한 반면, 주의할 점은 상록수는 세력이 약해질 우려가 있으므로 동계 강전정을 피한다.

040

조경공사에서 수목 및 잔디의 할증률은 몇 %인가?

① 1%
② 5%
③ **10%**
④ 20%

🟢 수목, 잔디, 초화류의 할증률은 10%를 적용

041

솔나방의 생태적 특성으로 옳지 않은 것은?

① 1년에 1회로 성충은 7 ~ 8월에 발생한다.
② 식엽성 해충으로 분류된다.
③ **줄기에 약 300개의 알을 낳는다.**
④ 유충이 잎을 가해하며, 심하게 피해를 받으면 소나무가 고사하기도 한다.

🟢 잎을 갉아먹는 식엽성 해충으로 솔잎에 약 500개 알을 낳는다. 1년 1회 성충은 7~8월 발생, 유충이 잎을 가해하며, 심하게 피해를 받으면 소나무가 고사하기도 한다. (솔나방 구제엔 디프제(디프록스))

042

조경수목 중 탄수화물의 생성이 풍부할 때 꽃이 잘 필수 있는 조건에 맞는 탄소와 질소의 관계로 가장 적당한 것은?

① N > C
② N = C
③ **N < C**
④ N ≧ C

🟢 C/N율이 높을 때 꽃눈 분화가 촉진된다. 즉, 탄소성분이 풍부하다는 것으로 C가 N보다 클 때이다.

043

벽돌쌓기에서 방수를 겸한 치장줄눈용으로 쓰이는 시멘트와 모래의 배합 비율은?

① **1 : 1**
② 1 : 2
③ 1 : 3
④ 1 : 4

🟢 벽돌 줄눈의 시멘트
 - 시멘트 : 모래의 배합비는 보통 일반적인 쌓기용에는 1 : 3, 방수용 또는 치장줄눈용은 1 : 1로 한다.

044

다음 중 모르타르의 구성성분이 아닌 것은?

① 물
② 자갈
③ 모래
④ 시멘트

해 • 모르타르는 시멘트, 모래, 물로 구성되어 있다.

암기 TIP! 시모물

• 시멘트와 물을 배합해서 만든 결합재(Binder)를 시멘트풀 혹은 시멘트 페이스트(Paste)라고 하고, 여기에 모래를 더 추가한 것을 모르타르(Mortar)라고 한다.

045

다음 중 식물체의 생리기능을 돕는 미량원소가 아닌 것은?

① Mn
② Zn
③ Fe
④ Mg

해 식물생육에 필요한 필수 원소
• 다량원소 : C, H, O, N, P, K, Ca, Mg, S
• 미량원소 : Fe, Mn, B, Zn, Cu, Mo, Cl
• Mn 망간은 미량원소, Mg 마그네슘은 다량원소이다.

046

다음 그림과 같이 쌓는 벽돌 쌓기의 방법은?

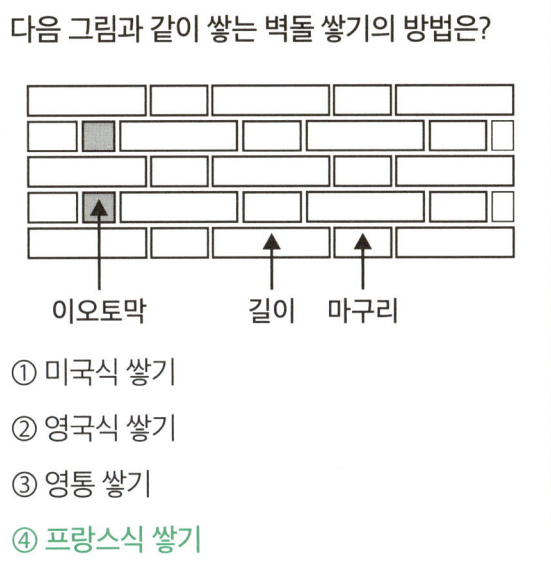

① 미국식 쌓기
② 영국식 쌓기
③ 영롱 쌓기
④ 프랑스식 쌓기

해 프랑스식 쌓기
– 매 켜에 길이 쌓기와 마구리 쌓기를 번갈아 하는 것으로 구조적으로 취약하여 치장용으로 주로 사용한다. 반절토막, 이오토막, 칠오토막을 사용하여 모서리를 맞춘다.

047

다음 중 조경석 가로쌓기 작업이 설계도면 및 공사시방서에 명시가 없을 경우 높이가 메쌓기는 몇 m 이하로 하여야 하는가?

① 1.5
② 1.8
③ 2.0
④ 2.5

해
- 조경석 가로쌓기는 콘크리트나 모르타르 사용 유무에 따라 메쌓기(Dry Masonry)와 찰쌓기(Wet Masonry)로 나뉜다.
- 메쌓기는 모르타르나 콘크리트 사용없이 뒤 틈새에 굄돌을 고인 후 흙으로 뒤채움하여 쌓는 방식으로 배수가 잘되어 토압을 증가시키지 않는 장점이 있으나 견고하지 못해 공사시방서 명시가 없을 경우 높이를 1.5m 이하로 제한한다.
- 찰쌓기는 눈줄에 모르타르를 사용하고 뒤채움에 콘크리트를 사용하여 견고하나 배수가 불량해지면 토압이 증가해 붕괴의 우려가 있다.

048

장미 검은무늬병은 주로 식물체 어느 부위에 발생하는가?

① 꽃
② 잎
③ 뿌리
④ 식물전체

해 장미 검은무늬병은 병든 장미 잎에 검은색 점이 나타나기 때문에 붙여진 것으로 장미의 품종을 막론하고 세계적으로 장미에 가장 많이 발생한다.

049

다음 중 들잔디의 관리 설명으로 옳지 않은 것은?

① 해충은 황금충류가 가장 큰 피해를 준다.
② 들잔디의 깎기 높이는 2~3cm로 한다.
③ 떳밥은 초겨울 또는 해동이 되는 이른 봄에 준다.
④ 병은 녹병의 발생이 많다.

해 한국잔디 난지형잔디인 들잔디는 난지형 잔디의 경우 떳밥은 생육이 왕성한 6~8월에 주며 한지형 잔디의 경우 봄, 가을에 준다.

050

인공 식재 기반 조성에 대한 설명으로 틀린 것은?

① 식재층과 배수층 사이는 부직포를 깐다.
② 건축물 위의 인공식재 기반은 방수처리 한다.
③ 심근성 교목의 생존 최소 깊이는 40cm로 한다.
④ 토양, 방수 및 배수시설 등에 유의한다.

해 심근성 교목의 생존 최소 깊이는 60cm 이상으로 해야 한다.
- 초화류 및 지피식물 : 15센티미터 이상
  (인공토양 사용시 10센티미터 이상)
- 소관목 : 30센티미터 이상
  (인공토양 사용시 20센티미터 이상)
- 대관목 : 45센티미터 이상
  (인공토양 사용시 30센티미터 이상)
- 교목 : 70센티미터 이상
  (인공토양 사용시 60센티미터 이상)

051

도로 식재 중 사고방지 기능 식재에 속하지 않는 것은?

① 명암 순응 식재
② 차광식재
③ **녹음식재**
④ 침입방지식재

해 도로조경식재 분류에서 사고방지식재에는 차광식재, 명암순응식재, 침입방지식재, 완충식재 등이 있다. 녹음식재는 도로식재가 아니라 그늘 제공 등의 환경 조절 기능을 감당하는 식재의 분류에 속한다. 녹음 수종은 수관이 크고 지하고가 사람 키 이상, 잎이 크고 밀생하는 낙엽교목이 적합하며 병충해와 답압의 피해가 적고 악취와 가시가 없는 수종이 적합하다. (예) 느티나무, 플라타너스, 가중나무, 은행나무, 칠엽수, 오동나무, 회화나무, 팽나무 등

052

한국 잔디의 해충으로 가장 큰 피해를 주는 것은?

① 선충
② 거세미나방
③ 땅강아지
④ **풍뎅이 유충**

해 풍뎅이류의 유충(굼벵이)은 우리나라 골프장 및 잔디밭에 잔디 뿌리를 가해하여 큰 피해를 주는 해충이다. (성충은 잔디를 먹지 않는다.)

053

40%(비중=1)의 어떤 유제가 있다. 이 유제를 1000배로 희석하여 10a 당 9L를 살포하고자 할 때, 유제의 소요량은 몇 mL 인가?

① 7
② 8
③ **9**
④ 10

해 **암기 TIP! 약량공식은 물퍼배수!**

구하려는 유제(약량)의 단위가 ml이므로 물의 단위도 맞춰주면 9L = 9000ml

유제(약량) = 9000ml / 1000배 = 9ml

약량은 물의 양을 배수로 나누어 구한다.

054

터파기 공사를 할 경우 평균부피가 굴착 전 보다 가장 많이 증가하는 것은?

① 모래
② 보통흙
③ 자갈
④ **암석**

해 암석은 보통 폭파나 브레이커(Breaker)로 작업하여 공사 후 잔재물이 불규칙하게 분해되고 마찰각이 커져 부피가 크게 증가한다.

터파기 후 부피증가율
- 암석 : 75%
- 점토 + 모래 + 자갈 : 30%
- 점토 : 25%
- 모래, 자갈 : 15%

055

식재할 경우 수간감기(wrapping)를 하는 이유 중 틀린 것은?

① 병해충 방지
② 상해(霜害)방지
③ 잡초 발생 방지
④ 수간으로부터 수분 증산 억제

해 수목 식재 시 녹화마대나 새끼줄로 수간감기를 해주는 이는 천공해충의 침입 방지, 보온을 통한 상해(霜害)방지나 햇빛에 타는 것을 방지하고 수간으로부터의 수분 증산 억제 기능을 한다. 잡초 발생 방지는 멀칭(Mulching)의 효과에 해당한다.

056

주택정원을 공사할 때 어느 공종을 가장 먼저 실시하여야 하는가?

① 돌쌓기
② 콘크리트 치기
③ 터닦기
④ 나무심기

057

잔디밭에 많이 발생하는 잡초인 클로바(토끼풀)를 제초하는데 가장 효율적인 것은?

① 디플루벤주론수화제
② 디캄바액재
③ 베노밀수화제
④ 캡탄수화제

해 디플루벤주론수화제(흰불나방), 베노빌소화제(탄저병, 흰가루병, 살균제), 캡탄수화제(갈색무늬병, 검은별무늬병, 검은잎마름병)

058

공사 현장의 공사관리 및 기술관리, 기타 공사업무 시행에 관한 모든 사항을 처리하여야 할 사람은 누구인가?

① 공사 발주자
② 공사 현장대리인
③ 공사 현장감독관
④ 공사 현장감리원

해 공사 현장대리인은 공사 시공에 있어서 청부자를 대신하여 공사 현장에 관한 일체의 사항을 처리하는 권한을 갖는 자로서, 법적 자격 기준을 갖추어 공사현장의 시공관리 업무를 총괄하며 해당 공사의 이행에 총괄 책임을 부여받는 건설기술자를 말한다.

059

다음 중 일반적인 토양의 상태에 따른 뿌리 발달의 특징 설명으로 옳지 않은 것은?

① 척박지에서는 뿌리의 갈라짐이 적고 길게 뻗어 나간다.
② 건조한 토양에서는 뿌리가 짧고 좁게 퍼진다.
③ 비옥한 토양에서는 뿌리목 가까이에서 많은 뿌리가 갈라져 나가고 길게 뻗지 않는다.
④ 습한 토양에서는 호흡을 위하여 땅 표면 가까운 곳에 뿌리가 퍼진다.

해 건조한 토양에서는 물의 이용범위를 넓히기 위해 뿌리가 깊고 넓게 퍼지고, 밀식을 하면 뿌리 분포 범위가 좁아진다.

060

나무를 옮겨 심었을 때 잘려진 뿌리로부터 새 뿌리가 오게 하여 활착이 잘되게 하는데 가장 중요한 것은?

① 온도와 지주목의 종류
② 잎으로부터의 증산과 뿌리의 흡수
③ C/N율과 토양의 온도
④ 호르몬과 온도

해 이식 후 활착에 가장 중요한 것은 잎으로부터의 증산 억제와 뿌리의 흡수촉진이다. 잎이 무성한 수목을 그대로 이식할 경우 잎으로부터의 증산으로 인해 활착에 많은 지장을 초래한다. 또한 이식 후 충분히 관수(灌水)를 하지 않거나 수목의 뿌리를 너무 많이 잘라내고 이식했을 때는 뿌리의 흡수에 지장이 생겨 이식 후 고사의 직접적 원인 된다.

모의고사 문제형 4회

001

1/100 축척의 설계 도면에서 1cm는 실제 공사 현장에서는 얼마를 의미하는 것인가?
① 1cm
② 1mm
③ **1m**
④ 10cm

🖺 축척은 도상거리와 실제거리의 비이다.(길이의 비) 1/100은 도상거리 1cm가 실제거리는 100cm(=1m)임을 뜻한다.

002

조경계획 과정에서 자연환경 분석의 요인이 아닌 것은?
① 기후
② 지형
③ 식물
④ **역사성**

🖺 조경계획에서 분석해야 할 자연환경분석의 요인에는 기후, 지형, 토양, 식물(식생), 토질, 수문, 야생동물 등이 해당하며, 역사성은 인문환경적 요인에 해당한다.

003

수도원 정원에서 원로의 교차점인 중정 중앙에 큰 나무 한 그루를 심는 것을 뜻하는 것은?
① **파라다이소(Paradiso)**
② 바(Bagh)
③ 트렐리스(Trellis)
④ 페리스탈리움(Peristylium)

🖺
- 체하르 바(Tshehar Bagh)
  - 페르시아 도로공원의 원형으로 7km이상 긴 도로 중앙에 수로와 화단을 설치
- 트렐리스(Trellis)
  - 정원 구조물로 덩굴식물을 지탱하기 위한 격자 모양 틀
- 페리스탈리움(Peristylium)
  - 고대로마 주택정원 요소, 주랑식 중정 형태로 가족들의 사적 공간이며 제2의 거실 공간으로 주정 역할

004

고대 그리스에서 아고라(agora)는 무엇인가?
① 유원지
② 농경지
③ **광장**
④ 성지

🖺 아고라(agora)는 고대 그리스의 각 도시국가에 만들어진 광장으로 시민들의 토론과 선거를 위한 장소 및 시장의 기능을 하였다.

005

백제와 신라의 정원에 영향을 주었던 사상으로 가장 적당한 것은?

① 신선사상
② 풍수지리사상
③ 음양오행사상
④ 유교사상

해 신선사상은 백제와 신라 정원 모두에 영향을 주었다. (예) 백제의 궁남지, 신라의 안압지는 신선사상의 영향을 보여준다. 풍수지리사상, 음양오행사상, 유교사상은 모두 조선시대 정원에 영향을 주었던 사상이다.

006

국립공원의 발달에 기여한 최초의 미국 국립공원은?

① 엘로우스톤
② 요세미티
③ 센트럴파크
④ 보스톤 공원

해 미국 최초의 국립공원은 1872년 지정된 엘로우스톤(Yellow Stone Park)국립공원이다. 요세미티(Yosemite) 국립공원은 1890년 지정

007

조경분야의 프로젝트를 수행하는 단계별로 구분할 때 자료의 수집, 분석, 종합의 내용과 가장 밀접하게 관련이 있는 것은?

① 계획
② 설계
③ 내역서 산출
④ 시방서 작성

해 조경분야 프로젝트 수행 단계는 다음의 4단계로 구성된다.
① 조경계획 : 자료의 수집, 분석, 종합에 초점을 맞추는 프로젝트 수행단계
② 조경설계 : 자료를 활용하여 3차원적 공간을 창조해 나가는 수행단계
③ 조경시공 : 공학적 지식과 생물을 다루는 특별한 기술이 필요한 수행단계
④ 조경관리 : 식생과 시설물의 이용에 관한 전체적인 것을 다루는 수행단계

⇨ 공사비 내역서 산출 및 시방서 작성은 조경설계 단계의 실시설계 요소에 해당한다.

008

기본 도시계획 중 교통 동선의 분류체계에 해당되지 않는 것은?

① 우회형
② 대로형
③ 수평형
④ 격자형

해 기본 도시계획 중 교통 동선의 분류체계에 우회형(루프형), 대로형, 격자형, 선형, 방사환상형 등이 있다. 수평형은 없다.

009

선의 분류 중 모양에 따른 분류가 아닌 것은?
① 실선
② 파선
③ 1점 쇄선
④ 치수선

해 선을 치수선, 중심선, 절단선, 가상선 등으로 분류하는 것은 용도에 따른 분류이다.

010

다음과 같은 특징이 반영된 정원은?

- 지역마다 재료를 달리한 정원양식이 생겼다.
- 건물과 정원이 한 덩어리가 되는 형태로 발달했다.
- 기하학적 무늬가 그려져있는 원로가 있다.
- 조경수법이 대비에 중점을 두고 있다.

① 인도정원
② 중국정원
③ 영국정원
④ 독일풍경식 정원

011

도시공원 및 녹지 등에 관한 법률 시행규칙에 의한 도시공원의 구분에 해당되지 않는 것은?
① 역사공원
② 체육공원
③ 도시농업공원
④ 국립공원

해 〈도시공원〉은 생활권공원과 주제공원으로 나뉘며, 생활권공원은 소공원, 어린이공원, 근린공원으로, 주제공원은 역사공원, 문화공원, 수변공원, 묘지공원, 체육공원, 기타로 구분된다. 공원을 국립공원, 도립공원, 군립공원, 지질공원으로 분류하는 것은 자연공원법 상 〈자연공원〉의 분류이다.

012

조경재료 중 무생물 재료와 비교한 생물재료의 특성이 아닌 것은?
① 연속성
② 불변성
③ 조화성
④ 다양성

해 생물재료는 자연속에서 시간에 따라 다양한 변화를 보여준다. 자연성, 연속성, 변화성, 조화성, 다양성을 가지고 있다. 불변성은 인공재료의 특징이다.

013

낮에 태양광 아래에서 본 물체의 색이 밤에 실내 형광등 아래에서 보니 달라보였다. 이러한 현상을 무엇이라 하는가?

① 메타메리즘
② 메타볼리즘
③ 프리즘
④ 착시

해
- **메타메리즘(Metamerism)**
  - 조건등색이라고도 하며 분광분포가 다른 두 색이 특정한 조명조건하에서 같은 색으로 보이는 것으로 낮에 태양광 아래에서 본 물체의 색이 밤에 실내 형광등 아래에서 달리 보이는 현상을 예로 들 수 있다.
- **메타볼리즘(Metabolism)**
  - 생물학 용어로 신진대사를 의미하며 생물이 대사를 반복하면서 성장해 가는 것처럼 건축이나 도시도 유기적으로 변화하면서 성장해간다는 의미로 변화를 계속하는 건축, 임시적인 건축을 의미
- **프리즘(Prism)**
  - 빛을 굴절, 분산시키는 광학 도구
- **착시(Optical illusion)**
  - 시각의 인지과정에서 주변의 다른 정보에 영향을 받아 원래의 사물에 대해 시각적인 착각이 발생하는 현상

014

조경설계에서 보행인의 흐름을 고려하여 최단거리의 직선 동선(動線)으로 설계하지 않아도 되는 곳은?

① 대학 캠퍼스 내
② 축구경기장 입구
③ 공원이나 식물원
④ 주차장, 버스정류장 부근

해 공원이나 식물원의 동선체계는 보행자의 이용목적이 신속한 이동에 있지 않으므로 최단거리 직선 동선으로 설계하지 않아도 된다.

015

다음 중 옥상정원의 설계기준으로 옳지 않은 것은?

① 건물구조에 영향을 미치는 하중문제를 우선 고려하여야 한다.
② 바람, 한발, 강우 등 자연재해로부터의 안정성을 고려하여야 한다.
③ 식재 토양의 깊이는 옥상이라는 점을 고려하여 가능한한 깊어야 한다.
④ 열악한 생육환경에 견딜 수 있고, 경관구조와 기능적인 면에 만족할 수 있는 수종을 선택하여야한다.

해 옥상정원은 옥상 상부 슬라브의 구조적 한계로 수목에 따른 식재 토양의 깊이가 제한된다.

〈조경기준 - 식재토심〉

옥상조경 및 인공지반 조경의 식재 토심은 배수층의 두께를 제외한 다음 각호의 기준에 의한 두께로 하여야 한다.

1. 초화류 및 지피식물 : 15센티미터 이상
   (인공토양 사용시 10센티미터 이상)
2. 소관목 : 30센티미터 이상
   (인공토양 사용시 20센티미터 이상)
3. 대관목 : 45센티미터 이상
   (인공토양 사용시 30센티미터 이상)
4. 교목 : 70센티미터 이상
   (인공토양 사용시 60센티미터 이상)

016

플라스틱 제품의 일반적 특성으로 틀린 것은?
① 내알카리성이 크다.
② 내산성이 크다.
③ 접착력이 작고 내열성이 크다.
④ 가벼우며 경도와 탄력성이 크다.

해 플라스틱 제품은 접착력이 우수하나 내열성, 내화성이 부족하다.

017

목재의 치수 표시방법으로 맞지 않는 것은?
① 제재 치수
② 제재 정치수
③ 중간 치수
④ 마무리 치수

해 목재의 치수표시에는 제재치수, 제재정치수, 마무리치수 3가지가 있다.

018

잎의 모양과 착생 상태에 따른 조경 수목의 분류로 맞는 것은?
① 상록 침엽수 - 후박나무
② 낙엽 침엽수 - 잎갈나무
③ 상록 활엽수 - 독일가문비나무
④ 낙엽 활엽수 - 감탕나무

해 잎갈나무는 침엽수이지만 가을이면 물들고 잎이 떨어지는 낙엽수이다.
• 후박나무 - 상록활엽교목, 독일가문비 - 상록침엽교목, 감탕나무 - 상록활엽교목

019

다음 중 모감주나무(Koelreuteria paniculata Laxmann)에 대한 설명으로 맞는 것은?

① 뿌리는 천근성으로 내공해성이 약하다.
② 열매는 삭과로 3개의 황색종자가 들어있다.
③ 잎은 호생하고 기수1회우상복엽이다.
④ 남부지역에서만 식재가능하고 성상은 상록활엽교목이다.

해 • 모감주나무는 잎이 어긋나는 호생이며, 기수1회우상복엽이다.
• 모감주나무는 내공해성이 강하고, 추위에 강하다. 낙엽활엽교목이다.

020

구조재료의 용도상 필요한 물리 화학적 성질을 강화시키고 미관을 증진시킬 목적으로 재료의 표면에 피막을 형성시키는 액체 재료를 무엇이라 하는가?

① 도료
② 착색
③ 강도
④ 방수

해 도료는 일반적으로 페인트라 칭하며 건물 내 외부용 도료와 DIY인테리어 도료, 탄성 방수도료 등 구조재료의 용도상 필요한 물리 화학적 성질을 강화시키고 미관을 증진시킬 목적으로 재료의 표면에 피막을 형성 시키는 액체 재료를 말한다.

021

다음 중 개화 시기가 가장 빠른 것은?

① 생강나무
② 배롱나무
③ 매자나무
④ 황매화

해 생강나무는 3월에 잎이 나기전에 개화한다. 황매화의 개화시기는 4~5월, 매자나무는 5월, 배롱나무는 6월~8월로 본다.

022

흰색 계열의 꽃이 피는 수종은?

① 백합나무
② 산수유
③ 배롱나무
④ 일본목련

해 일본목련은 흰색꽃이 핀다. 백합나무 꽃은 튤립모양의 녹색을 띤 노란색 꽃이며, 산수유 꽃은 노란색, 배롱나무 꽃은 적색 또는 자주색이다.

023

다음 중 은행나무의 설명으로 틀린 것은?

① 분류상 낙엽활엽수이다.
② 나무껍질은 회백색, 아래로 깊이 갈라진다.
③ 양수로 적윤지토양에 생육이 적당하다.
④ 암수딴그루이고 5월초에 잎과 꽃이 함께 개화한다.

해 은행나무는 섬유 세포의 길이가 4mm 이상이어서 낙엽침엽수로 분류된다.

024

방부력이 우수하고 내습성도 있으며 값도 싸지만, 냄새가 좋지 않아서 실내에 사용할 수 없고, 미관을 고려하지 않은 외부에 사용하는 방부제는?

① 크레오소트
② 물유리
③ 광명단
④ 황암모니아

해 크레오소트는 콜타르를 증류하여 얻는 230~270℃의 기름으로 목재의 방부제나 연료로 쓰인다. 방부력이 우수하고 내습성도 있으며 값도 싸지만, 냄새가 좋지 않아서 실내에 사용할 수 없고, 미관을 고려하지 않은 외부에 주로 사용한다.

025

다음 중 여름에서 가을까지 꽃을 피우는 수종으로 틀린 것은?

① 호랑가시나무
② 박태기나무
③ 은목서
④ 협죽도

해 박태기나무 꽃은 짙은 분홍색으로 4월에 잎보다 먼저 개화한다.

026

여름에는 연보라 꽃과 초록의 잎을, 가을에는 검은 열매를 감상하기 위한 백합과 지피식물은?

① 맥문동
② 만병초
③ 영산홍
④ 칡

해 맥문동은 5월부터 여름까지 연보라색 총상꽃차례를 이루어 피고, 가을에는 검은 열매가 열리는 백합과 여러해살이 지피식물이다.

027

다음 포장재료 중 광장 등 넓은 지역에 포장하며, 바닥에 색체 및 자연스런 문양을 다양하게 할 수 있는 소재는?

① 벽돌
② 고압블럭
③ 우레탄
④ 자기타일

해 폴리우레탄은 열경화성 수지로 질기고 화학약품에 잘 견디는 특성을 가지고 있어 광장 등 넓은 지역에 포장하며, 바닥에 색체 및 자연스런 문양을 다양하게 할 수 있는 소재이다.

028

건물 주위에 식재 시 양수와 음수의 조합으로 되어 있는 수종들은?

① 눈주목, 팔손이나무
② **자작나무, 개비자나무**
③ 사철나무, 전나무
④ 일본잎갈나무, 향나무

해 자작나무는 양수, 개비자나무는 음수
- 눈주목, 팔손이나무, 사철나무, 전나무는 음수, 일본잎갈나무, 향나무는 양수이다.

029

조경수목의 선정 시 꽃의 향기가 주가 되는 나무가 아닌 것은?

① 함박꽃나무
② 서향
③ 목서류
④ **태산목**

해 함박꽃나무, 서향, 목서류는 모두 꽃 향기가 수목선정 시 주가 되는 나무지만, 태산목은 꽃 향기가 있으나 꽃과 잎의 크기가 수목선정 시 주가된다.

030

자연석 중 전후좌우 사방 어디에서나 볼 수 있으며, 키가 높아야 효과적인 돌의 형태는?

① **입석**
② 회석
③ 평석
④ 와석

해 자연석 중 세로로 세운 입석은 키가 높을 경우 전후좌우 사방 어디서나 볼 수 있다.

031

화강암(granite)에 대한 설명 중 옳지 않은 것은?

① 내마모성이 우수하다.
② 구조재로 사용이 가능하다.
③ **내화도가 높아 가열시 균열이 적다.**
④ 절리의 거리가 비교적 커서 큰 판재를 생산할 수 있다.

해 화강암은 비중이 크고 내마모성이 우수하여 구조재로 사용 가능하며 큰 판재로 생산할 수 있는 장점이 있는 반면 내화도가 낮아 가열 시 균열이 생기는 등 단점이 있다.

032

이식하기 가장 어려운 나무는?
① 가이즈까 향나무
② 쥐똥나무
③ **목련**
④ 명자나무

해 이식이 어려운 수종에는 목련, 소나무, 삼나무, 가문비나무, 전나무, 주목, 가시나무, 굴거리나무, 태산목, 후박나무, 다정큼나무, 자작나무 등이 있다.

033

석재의 가공 방법 순서로 적합한 것은?
① 혹두기 - 잔다듬 - 정다듬 - 도드락다듬 - 물갈기
② 혹두기 - 정다듬 - 잔다듬 - 도드락다듬 - 물갈기
③ **혹두기 - 정다듬 - 도드락다듬 - 잔다듬 - 물갈기**
④ 혹두기 - 잔다듬 - 도드락다듬 - 정다듬 - 물갈기

해 **암기 TIP! 석재가공순서는 혹정도잔!**

(대강 따낸) **혹**두기 - **정**다듬 - **도**드락다듬 - **잔**다듬 - 물갈기

034

다음 중 콘크리트의 장점이 아닌 것은?
① 재료의 획득 및 운반이 용이하다.
② 압축강도가 크다.
③ **인장강도와 휨 강도가 크다.**
④ 내구성, 내화성, 내수성이 크다.

해 일반적인 콘크리트의 인장강도는 압축강도의 1/10~1/13 정도이다. 예를 들어 압축강도가 210인 콘크리트의 인장강도는 약 16~21정도이다.

035

다음 석재의 가공방법 중 표면을 가장 매끈하게 가공할 수 있는 방법은?
① 혹두기
② 정다듬
③ **잔다듬**
④ 도드락다듬

해 잔다듬은 가공순서 상 마지막 다듬으로 도드락 다듬 면을 일정한 방향이나 평행선으로 나란히 찍어 다듬어 평탄하게 마무리하는 다듬기, 가장 표면을 매끈하게 가공한다.
- 혹두기 : 표면의 큰 돌출부분만 대강 떼어 내는 정도의 다듬기
- 정다듬 : 정으로 비교적 고르고 곱게 다듬는 정도의 다듬기
- 도드락다듬 : 도드락망치를 사용하여 정다듬면을 더욱 평탄하게 하는 다듬기

036

다음 중 수명이 가장 긴 전등은?

① 백열전구
② 할로겐등
③ 수은등
④ 형광등

해 조명등의 수명이 긴 순서

수은등 > 형광등 > (저압)나트륨등 > 할로겐등 > 백열등

037

다음 중 봄에 꽃이 피는 진달래 등의 꽃나무류 전정시기로 가장 적당한 것은?

① 꽃이 진 직후
② 장마이후
③ 늦가을
④ 여름의 도장지가 무성할 때

해 봄에 꽃이 피는 진달래, 목련 등의 꽃나무류 전정시기는 꽃이 진 직후가 가장 적당하다.

038

옥상정원 인공지반 상단의 식재 토양층 조성 시 경량재로 사용하기 가장 부적당한 것은?

① 버미큘라이트
② 펄라이트
③ 피트
④ 석회

해 옥상정원 인공지반 경량토로는 버미큘라이트(Vermiculite), 펄라이트(Perlite), 피트(Peat), 화산재 등이 적당하며 석회는 무거우므로 부적당하다.

039

1/100 축척의 도면에서 가로 20m, 세로 50m의 공간에 잔디를 전면붙이기를 할 경우 몇 장의 잔디가 필요한가? (단, 잔디는 25×25cm 규격을 사용한다.)

① 5500장
② 11000장
③ 16000장
④ 22000장

해 축척과 관계없이 실제 거리가 주어졌으므로
잔디를 전면붙이기로 식재할 가로 20m, 세로 50m의 공간의 면적은 1000제곱미터이고,
1제곱미터의 면적에는 25cm x 25cm 규격의 뗏장이 16장이 들어가므로,

필요한 잔디 뗏장의 수량은 1000 x 16 = 16000장

040

비탈면의 기울기는 관목 식재 시 어느 정도 경사보다 완만하게 식재하여야 하는가?

① 1 : 0.3 보다 완만하게
② 1 : 1 보다 완만하게
③ 1 : 2 보다 완만하게
④ 1 : 3 보다 완만하게

해 비탈면 기울기는 관목식재 시에는 1 : 2, 교목식재 시에는 1 : 3 보다 완만하게 해야한다.

041

다음 중 수간주입 방법으로 옳지 않은 것은?

① 구멍의 각도는 50~60도 가량 경사지게 세워서, 구멍지름 20mm 정도로 한다.
② 뿌리가 제구실을 못하고 다른 시비방법이 없을 때 빠른 수세회복을 원할 때 사용한다.
③ 구멍속의 이물질과 공기를 뺀 후 주입관을 넣는다.
④ 중력식 수간주사는 가능한 한 지제부 가까이에 구멍을 뚫는다.

해 수간주사 주입 시 나무 밑에서부터 높이 5~10cm 되는 부위에 드릴로 지름 5mm, 깊이는 3~4cm되게 구멍을 20~30°각도로 비스듬히 뚫고, 주입구멍 안의 이물질과 공기를 뺀 후 주입관을 넣는다.

042

농약은 라벨과 뚜껑의 색으로 구분하여 표기하고 있는데, 다음 중 연결이 바른 것은?

① 제초제 - 노란색
② 살균제 - 녹색
③ 살충제 - 파란색
④ 생장조절제 - 흰색

해 제초제는 노란색이 맞다.

- 살균제 : 분홍색
- 살충제, 살비제 : 초록색
- 생장조절제 : 청색

043

뿌리돌림의 방법으로 옳은 것은?

① 뿌리돌림을 하는 분은 이식할 당시의 뿌리분보다 약간 크게 한다.
② 뿌리돌림 시 남겨 둘 곧은 뿌리는 15~20cm의 폭으로 환상 박피한다.
③ 노목은 피해를 줄이기 위해 한 번에 뿌리돌림 작업을 끝내는 것이 좋다.
④ 낙엽수의 경우 생장이 끝난 가을에 뿌리돌림을 하는 것이 좋다.

해 뿌리돌림 시 남겨 둘 곧은 뿌리는 15~20cm의 폭으로 환상 박피한다.

- 노목은 2~4회 나누어 연차적으로 실시 (한번에 끝낸다 X)
- 뿌리돌림 시기 : 이식하기 6개월~1년 전 (해토직후 3월중순부터 4월상순이 적당)
- 분의 크기는 근원직경의 3~5배(일반이식은 4배 적용), 깊이는 너비의 1/2 이상

044

다음 가로수의 식재 위치에 따른 식재구덩이의 크기 및 보차경계선으로 부터의 거리를 바르게 제시한 것은?

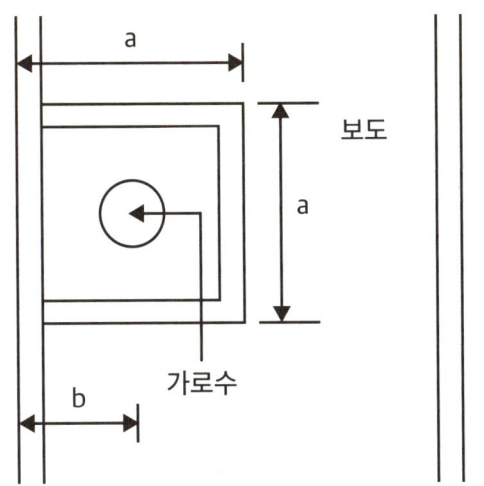

① a = 0.8m 이상, b = 0.65m
② a = 0.8m 이상, b = 0.35m
③ **a = 1m 이상, b = 0.65m**
⑤ a = 1m 이상, b = 0.35m

해 a는 수목보호대의 세로 규격으로 1m이며, 도로와 수목중심 까지 이격거리 b는 0.65m

045

우리나라의 조선시대 전통정원을 꾸미고자 할 때 다음 중 연못시공으로 적합한 호안공은?

① 편책 호안공
② 마름돌 호안공
③ 자연석 호안공
④ **사괴석 호안공**

해 사괴석 호안공은 전통정원 연못 시공 시 적합한 호안공이다. 사괴석은 면이 거의 사각형에 가까운 것으로 면의 크기는 150~250mm이고 높이는 한 변의 1~2배 이상인 것. 우리나라 전통건물의 벽체나 돌담을 쌓는데 사용

046

다음 선의 종류와 선긋기의 내용이 잘못 짝지어진 것은?

① 파선 : 단면
② 가는 실선 : 수목인출선
③ 1점 쇄선 : 경계선
④ **2점 쇄선 : 중심선**

해 2점쇄선은 절단면의 위치, 부지경계선 등을 나타낸다. 중심선은 1점 쇄선으로 나타낸다.

047

수목의 잎 조직 중 가스교환을 주로 하는 곳은?
① 책상조직
② 엽록체
③ 표피
④ 기공

해 수목은 잎의 기공을 통해 가스교환을 한다.

048

수목을 굴취한 이후 옮겨심기 순서로 가장 적합한 것은? (단, 진행 과정 중 일부 작업은 생략될 수 있음)
① 구덩이 파기→수목넣기→물 붓기→2/3정도 흙 채우기→다지기→나머지 흙 채우기
② 구덩이 파기→수목넣기→2/3정도 흙 채우기→물 부어 막대기 다지기→나머지 흙 채우기
③ 구덩이 파기→2/3정도 흙 채우기→수목넣기→물 부어 막대기 다지기→나머지 흙 채우기
④ 구덩이 파기→물 붓기→수목넣기→나머지 흙 채우기

049

진딧물, 깍지벌레와 관계가 가장 깊은 것은?
① 흰가루병
② 빗자루병
③ 줄기마름병
④ 그을음병

해 그을음병은 진딧물, 깍지벌레의 분비물을 통해 급속도로 발병하는 수목병으로 동화작용에 장애를 가져오고, 과실에 발생하면 상품가치를 저하시킨다.

050

시멘트 500 포대를 저장할 수 있는 가설창고의 최소 필요 면적은?(단, 쌓기단수는 13단)
① 15.4m^2
② 16.5m^2
③ 18.5m^2
④ 20.4m^2

해 시멘트 저장창고 면적 계산

창고면적 K = 0.4 x A/n
(A : 총 저장 시멘트, n : 쌓기 단수)
창고면적 K = 0.4 x 500/13 = 15.3846…

• 정답 : 15.4m^2

051

잔디의 생육상태가 쇠약하고, 잎이 누렇게 변할 때에는 어떤 비료를 주는 것이 가장 효과적인가?

① 과인산석회
② 요소
③ 용성인비
④ 염화칼륨

해 요소비료는 '질소'를 주성분으로 하는 질소질비료(화학비료)의 한 종류다. 질소결핍은 잎이 황변하는 주요 요인으로 잔디의 생육상태가 쇠약하고, 잎이 누렇게 변할 때에는 요소비료를 준다.

052

토양 및 수목에 양분을 처리하는 방법의 특징 설명이 틀린 것은?

① 액비관주는 양분흡수가 빠르다.
② 수간주입은 나무에 손상이 생긴다.
③ 엽면시비는 뿌리 발육 불량 지역에 효과적이다.
④ 천공시비는 비료 과다투입에 따른 염류장해 발생 가능성이 없다.

해 천공시비는 토양에 구멍을 뚫어 시비하는 방법으로 천공지역에 수용성 비료가 과다 투입될 경우 뿌리 주위에 염류장해를 발생시킬 수 있다. 염류장해란 토양에 축적된 염류가 뿌리의 물과 양분 흡수를 방해하여 생육이 불량하게 되는 것을 말한다.

053

다음 중 소나무류를 가해하는 해충이 아닌 것은?

① 솔나방
② 미국흰불나방
③ 소나무좀
④ 솔잎혹파리

해 솔나방, 소나무좀, 솔잎혹파리는 소나무를 가해하는 해충이나 미국흰불나방은 벚나무와 버즘나무, 은단풍 등 약 160여종의 활엽수를 가해하며 먹이가 부족할 때에는 초본류는 물론 농작물도 가해한다.

054

소나무류의 잎솎기는 어느 때 하는 것이 좋은가?

① 3월경
② 4월경
③ 6월경
④ 8월경

해
- 소나무의 잎솎기는 순따기 후 8월경 실시하는 것이 좋다. (순의 세력조절)
- 소나무 순따기는 해마다 5~6월경 새순이 5~10cm 자라난 무렵 실시한다.

055

방풍림(wind shelter) 조성에 알맞은 수종은?
① 팽나무, 녹나무, 느티나무
② 곰솔, 대나무류, 자작나무
③ 신갈나무, 졸참나무, 향나무
④ 박달나무, 가문비나무, 아까시나무

해 방풍림은 줄기와 가지가 강해 바람을 차단하고 풍압을 견딜 수 있는 상록성, 직근성, 심근성 수종이 적당하다. 팽나무, 녹나무, 느티나무를 비롯 곰솔, 삼나무, 편백, 전나무, 구실잣밤나무, 후박나무, 아왜나무, 동백나무, 은행나무, 가시나무 등이 적당하다.

056

수중에 있는 골재를 채취했을 때 무게가 1000g, 표면건조 내부포화상태의 무게가 900g, 대기건조 상태의 무게가 860g, 완전 건조 상태의 무게가 850g일 때 함수율 값은?
① 4.65%
② 5.88%
③ 11.11%
④ 17.65%

해 골재의 함수율 공식
- 골재의 함수율은 완전히 건조된 상태의 골재무게에 대한 머금고있던 물의 양의 비율이다.

(습윤상태의 무게 1000 - 완전건조무게 850)
/(완전건조무게 850) =150/850=17.647…

- 정답 : 17.65%

(대기건조상태의 무게는 계산에 필요없는 수치임에 주의!)

057

고속도로 중앙분리대 식재에서 차광율이 가장 높은 나무는?
① 동백나무
② 느티나무
③ 향나무
④ 협죽도

해 고속도로 중앙분리대 차광율이 가장 높은 나무는 향나무이다.

058

조경공사에 사용되는 장비 중 운반용 기계에 해당되지 않는 것은?
① 덤프트럭
② 크레인
③ 백 호우
④ 지게차

해 덤프트럭, 크레인, 지게차는 운반용 장비이며 백 호우(back hoe)는 운반보다는 터파기, 굴취, 식재작업에 주로 활용된다.

059

조경수목의 연간 관리 작업 계획표를 작성하려고 한다. 작업 내용의 분류상 성격이 다른 하나는?
① 병해충 방제
② 시비
③ **뗏밥 주기**
④ 수관 손질

해 조경관리의 연간 작업은 정기작업과 부정기작업으로 나눌 수 있는데, 정기작업에는 병충해 방제, 시비, 수관손질, 전정 등이 해당되며 부정기 작업에는 뗏밥주기, 고사목제거, 시설보수, 토양개량 등이 해당된다.

060

과습지역 토양의 물리적 관리 방법이 아닌 것은?
① 암거배수 시설설치
② 명거배수 시설설치
③ 토양치환
④ **석회사용**

해 과습지역의 토양개량을 위해서는 물리적으로 배수시설을 설치하거나 배수가 용이한 사질토양으로 치환하는 방법이 이용된다. 석회는 산성토양의 개량에 이용된다.

모의고사 문제형 5회

001

서양의 각 시대별 조경양식에 관한 설명 중 옳은 것은?

① 서아시아의 조경은 수렵원 및 공중정원이 특징적이다.
② 이집트는 상업 및 집회를 위한 공공정원이 유행하였다.
③ 고대 그리스 포룸과 같은 옥외공간이 형성되었다.
④ 고대 로마의 주택정원에는 지스터스(xystus)라는 가족을 위한 사적인 공간을 조성하였다.

해 ② 상업 및 집회를 위한 공공정원이 유행한 것은 그리스의 아고라, 로마의 포룸등의 광장과 관련
③ 포룸은 그리스가 아니라 로마의 옥외광장이다.
④ 고대 로마 주택정원에서 지스터스(xystus)는 후원을 의미한다. (과수원, 채소밭으로 이용) 가족을 위한 사적인 공간은 주랑식 제2중정인 페리스틸리움(Peristylium)이며, 제1중정인 아트리움(Atrium)은 손님맞이용 공적 공간 기능을 했다.

002

사적지 조경의 식재계획 내용 중 적합하지 않은 것은?

① 성곽 가까이에는 교목을 심지 않는다.
② 궁이나 절의 건물터는 잔디를 식재한다.
③ 민가의 안마당에는 교목류를 식재한다.
④ 사찰 회랑 경내에는 나무를 심지 않는다.

해 민가의 안마당은 행사와 작업을 위해 비워두었다.

003

"응접실이나 거실 쪽에 면하며, 주택정원의 중심이 되고, 가족의 구성단위나 취향에 따라 계획한다."와 같은 목적의 뜰은 주택정원의 어디에 해당하는가?

① 안뜰
② 앞뜰
③ 뒤뜰
④ 작업뜰

해 안뜰에 대한 설명이다.
- 앞뜰 : 대문과 현관사이의 전이공간으로 주택의 첫인상 좌우하며, 보통 입구로서의 단순성 강조
- 뒤뜰 : 외부로부터의 시각적, 기능적 차단으로 프라이버시가 최대한 보장되는 정숙한 공간, 침실에서의 전망이나 동선을 살린다.
- 작업뜰 : 연장을 보관하거나 작업을 할수 있는 공간 주로 주방, 세탁실, 다용도실, 저장고와 연결, 장독재, 빨래터, 건조장등의 기능을 한다.

004

장식분을 줄지어 배치했을 때의 아름다움은?

① 조화미
② 균형미
③ **반복미**
④ 대비미

005

괴석이라고도 불리는 태호석이 특징적인 정원 요소로 사용된 나라는?

① 한국
② **중국**
③ 인도
④ 일본

해 태호석(太湖石)은 중국의 쑤저우 부근에 있는 타이후(태호) 주변의 구릉에서 채취하는 까무잡잡하고 구멍이 많은 복잡한 형태의 괴석이다.

006

아왜나무의 식재 시 품의 산정은 어느 것을 기준으로 하는가?

① **나무높이에 의한 식재**
② 흉고직경에 의한 식재
③ 근원직경에 의한 식재
④ 수관폭에 의한 식재

해 나무높이(수고H)에 의해 품을 산정하는 수종에는 아왜나무를 비롯하여 독일가문비, 동백나무, 잣나무, 전나무, 섬잣나무, 리기다소나무, 향나무, 편백, 측백나무, 주목 등이 있다.

007

임해전이 주로 직선으로 된 연못의 서(W)고에 남북축선상에 배치되어 있고, 연못 내 돌을 쌓아 무산 12봉을 본뜬 석가산을 조성한 통일신라시대에 건립된 조경유적은?

① **안압지**
② 부용지
③ 포석정
④ 향원지

해 ② 부용정은 창덕궁 후원 초입에 조성된 대표적 방형(方形)의 연못인 부용지에 지은 마루식 정자다. 부용지는 네모난 연못과 둥근 섬으로 구성되어 '하늘은 둥글고 땅은 네모나다'는 천원지방(天圓地方) 조형원리를 담고 있다.
③ 포석정은 통일 신라시대 유적으로 사적 1호로 지정되어 있으며 왕희지의 난정고사를 본뜬 왕의 공간으로 현재 곡수거만 남아 있다. 흐르는 물에 술잔을 띄우고 자기 앞으로 떠내려 올 때까지 시를 읊던 유상곡수(流觴曲水)의 장소로 전해진다.
④ 향원지는 1456년 세조 때 조성된 경복궁 북쪽 후원의 방형(方形) 연못이다.

008

토공사(정지)작업 시 일정한 장소에 흙을 쌓는 일을 무엇이라 하는가?

① 객토
② **성토**
③ 절토
④ 경토

해 흙을 쌓는 것은 성토, 흙을 깎는 것은 절토, 흙을 교체하는 것은 객토라 한다.

009

다음 장비 중 지면보다 높은 곳의 흙을 굴착하는데 가장 적당한 것은?
① 스크레이퍼
② 드래그라인
③ 트랜처
④ **파워셔블**

해 버킷(바가지)의 장착형태에 따라 높은 곳의 굴착은 파워셔블(power shovel), 장비보다 낮은 곳의 굴착은 백호(back hoe)가 적합하다.

010

다음 중 식물재료의 특성으로 부적합한 것은?
① 생장과 번식을 계속하는 연속성이 있다.
② 생물로서, 생명 활동을 하는 자연성을 지니고 있다.
③ **불변성과 가공성을 지니고 있다.**
④ 계절적으로 다양하게 변화함으로써 주변과의 조화성을 가진다.

해 재질이 균질하고 변하지 않는 불변성과 인위적인 가공이 용이한 가공성을 지니고 있는 것은 인공재료의 특징이다.

011

전통민가 조경이 프로젝트의 대상이 되는 분야는?
① 공원
② **문화재**
③ 주거지
④ 기타시설

해 우리나라 전통민가 조경은 주로 문화재 프로젝트의 대상이 된다.

012

다음 중 경복궁 교태전 후원과 관계없는 것은?
① 화계가 있다.
② **상량전이 있다.**
③ 아미산이라 칭한다.
④ 굴뚝은 육각형 4개가 있다.

해 상량전은 경복궁 교태전이 아니라 창덕궁 낙선재 뒤쪽 화계 언덕에 자리잡은 육각정의 누각이다.

013

묘지공원의 설계 지침으로 가장 올바른 것은?
① 장제장 주변은 기능상 키가 작은 관목만을 식재한다.
② 산책로는 이용하기 좋게 주로 직선화한다.
③ 묘지공원 내는 경건한 분위기를 위해 어린이 놀이터 등 휴게시설 설치를 일체 금지시킨다.
④ 전망대 주변에는 큰 나무를 피하고, 적당한 크기의 화목류를 배치한다.

해 묘지공원의 전망대 주변에는 큰 나무를 피하고, 적당한 크기의 화목류를 배치한다.
① 장제장 주변에는 기능상 키가 큰 교목을 식재한다.
② 산책로는 직선보다는 자연스럽게 조성한다.
  (직선화 (×))
③ 이용자를 위한 휴게시설, 놀이시설도 설치한다.(경건한 분위기를 위해 금지시킨다 (×))

014

다음 중 골프코스 중 티와 그린 사이에 짧게 깎은 페어웨이 및 러프 등에서 가장 이용이 많은 잔디로 적합한 것은?
① 버뮤다그라스
② 벤트그라스
③ 들잔디
④ 라이그라스

해 들잔디는 밟는 압력(답압)에 잘 견디며 티와 그린사이에 짧게 깎은 페어웨이 및 러프 등에서 가장 많이 이용된다. 주로 그린에 식재되어 초장을 4~7mm로 짧게 깎아 관리하는 잔디는 벤트그라스

015

다음 〈보기〉의 설명은 어느 시대의 정원에 관한 것인가?

〈보기〉
• 석가산과 원정, 화원 등이 특징적이다.
• 대표적 유적으로는 동지(東池), 만원대, 수창궁원, 청평사, 문수원 정원 등이 있다.
• 휴식과 조망을 위한 정자를 설치하기 시작하였다.
• 송나라의 영향으로 화려한 관상위주의 이국적 정원을 만들었다.

① 조선
② 백제
③ 고려
④ 통일신라

016

다음 중 단풍나무과 수종이 아닌 것은?
① 고로쇠나무
② 이나무
③ 신나무
④ 복자기

해 • 신나무, 복자기, 고로쇠나무는 모두 단풍나무과이다.
암기 TIP! 신복고 단풍패션!
• 이나무는 이나무과의 나무이다. 대한민국, 중국, 대만 등지에서 자생하며 황록색 꽃과 빨간 열매가 열린다. 이나무라는 이름은 나무껍질이 마치 이가 스멀스멀 기어가는 것 같이 보인다 하여 붙여졌다고 한다.

017

다음 중 흉고직경을 측정할 때 지상으로부터 얼마 높이의 부분을 측정하는 것이 가장 이상적인가?

① 60cm
② 90cm
③ **120cm**
④ 200cm

해 흉고직경은 성인의 가슴높이(흉고)인 120cm에서 측정한 수목의 지름을 뜻한다.

018

덩굴로 자라면서 여름에 아름다운 꽃이 피는 수종은?

① 등(나무)
② 홍가시나무
③ **능소화**
④ 남천

해 능소화는 덩굴식물로 7월~8월 여름철에 개화하는 수종이다. 등은 보라색 꽃이 5월에 개화하는 덩굴식물이다. 홍가시나무는 상록활엽 소교목으로 5~6월 흰색 꽃이 피며, 남천은 6~7월 흰색꽃이 피는 관목이다.

019

가로수가 갖추어야 할 조건이 아닌 것은?

① 공해에 강한 수목
② 답압에 강한 수목
③ **지하고가 낮은 수목**
④ 이식에 잘 적응하는 수목

해 지하고(BH)란 지표면에서 수관의 맨 아래가지까지의 수직높이로 가로수용 수목이 지하고가 낮을 경우 차량과 보행자 통행 및 시야에 방해가 되므로 지하고가 낮은 수목은 피한다.

020

기건상태에서 목재 표준함수율은 어느 정도인가?

① 5%
② **15%**
③ 25%
④ 35%

해 기건상태란 목재가 대기의 온도와 습도에 평형하게 도달한 상태로 기건상태에서의 목재의 표준함수율은 15%정도이다.

021

다음 중 열가소성 수지는 어느 것인가?
① 페놀수지
② 멜라민수지
③ **폴리에틸렌수지**
④ 요소수지

해 • 열가소성수지 : 폴리에틸렌수지, 폴리스티렌수지, 폴리프로필렌수지, 염화비닐수지, 아크릴수지
• 열경화성수지 : 페놀수지, 멜라민수지, 요소수지, 에폭시수지, FRP(불포화폴리에스테르수지)

022

다음 수목의 외과 수술용 재료 중 동공 충전물의 재료로 가장 부적합한 것은?
① 에폭시 수지
② 불포화 폴리에스테르 수지
③ 우레탄 고무
④ **콜타르**

해 • 콜타르는 30도가 넘으면 액체상태가 되므로 동공 충전물로 부적합하다.

023

다음 중 한지형(寒地形) 잔디에 속하지 않는 것은?
① 벤트그래스
② **버뮤다그래스**
③ 라이그래스
④ 켄터키블루그래스

해 버뮤다그래스는 서양잔디 중 유일한 난지형 잔디로 생장이 빠르고 내한성 양호하다.

024

성형 가공이 용이하고 가벼운 무게에 비하여 강하다는 장점이 있지만 내화성이 없고 온도에 약한 특징을 가진 것은?
① 목질재료
② 금속재료
③ 흙
④ **플라스틱제품**

해 플라스틱은 성형가공이 용이하고, 무게에 비해 강크가 크지만 내화성, 내열성이 떨어진다.

025

다음 중 광선(光線)과의 관계 상 음수(陰樹)로 분류하기 가장 적합한 것은?
① 박달나무
② **눈주목**
③ 감나무
④ 배롱나무

해 눈주목은 음수, 박달나무, 감나무, 배롱나무는 양수이다.

026

양질의 포졸란(pozzolan)을 사용한 콘크리트의 성질로 옳지 않은 것은?
① 워커빌리티 및 피니셔빌리티가 좋다.
② 강도의 증진이 빠르고 단기강도가 크다.
③ 수밀성이 크고 발열량이 적다.
④ 화학적 저항성이 크다.

해 포졸란은 콘크리트에 혼합하여 워커빌리티를 개선시키고 수화열을 감소시키며, 단기강도는 낮지만 장기강도를 증대시키는 역할을 한다.

027

콘크리트 다지기에 대한 설명으로 틀린 것은?
① 진동다지기를 할 때에는 내부 진동기를 하층의 콘크리트 속으로 작업이 용이하도록 사선으로 0.5m 정도 찔러 넣는다.
② 콘크리트 다지기에는 내부진동기의 사용을 원칙으로 하나, 얇은 벽 등 내부진동기의 사용이 곤란한 장소에서는 거푸집 진동기를 사용해도 좋다.
③ 내부진동기의 1개소당 진동시간은 다짐할 때 시멘트 페이스트가 표면 상부로 약간 부상하기까지 한다.
④ 거푸집판에 접하는 콘크리트는 되도록 평탄한 표면이 얻어지도록 타설하고 다져야 한다.

해 내부 진동기를 다지기에 사용할 때 진동기를 하층 콘크리트 속으로 10cm 정도 찔러 넣어 상하층 콘크리트를 일체화시키고, 삽입 간격은 50cm 이하로 한다.

028

다음 중 목재에 관한 설명으로 틀린 것은?
① 소리, 전기 등의 전도성이 크다.
② 건조가 불충분한 것은 썩기 쉽다.
③ 단열성이 크다.
④ 가공성이 좋다.

해 목재는 소리, 전기의 전도성이 낮다.

029

목재를 건조하는 목적에 관한 설명으로 가장 거리가 먼 것은?
① 가공하기 쉽게 하기 위하여
② 변색, 부패 방지하기 위하여
③ 탄성과 강도를 낮추기 위하여
④ 접착이나 칠이 잘되게 하기 위하여

해 목재를 건조하면 탄성과 강도가 증가한다.

030

다음 중 보도 포장재료로서 부적당한 것은?
① 외관 및 질감이 좋을 것
② 자연 배수가 용이할 것
③ 내구성이 있을 것
④ 보행 시 마찰력이 전혀 없을 것

해 보행 시 마찰력이 없으면 미끄러지기 쉬우므로 마찰력이 없는 재료는 피한다.

031

다음 설명에 해당하는 합성수지의 종류는?

- 500도씨 이상 견디는 수지다.
- 방수제, 도료, 접착제로 사용된다.
- 내연성, 전기적 절연성이 있고, 유리 섬유판, 텍스, 피혁류 등의 모든 접착이 가능하다.
- 특히 내수성, 내열성이 우수하다.

① 멜라민수지
② 푸란수지
③ 에폭시수지
④ **실리콘수지**

032

굵은 골재의 절대 건조 상태의 질량이 1000g, 표면건조포화 상태의 질량이 1100g, 수중질량이 650g 일 때 흡수율은 몇 %인가?

① **10.0%**
② 28.6%
③ 31.4%
④ 35.0%

해 골재의 흡수율 공식

암기 TIP! 흡수율은 표절퍼절!

- 흡수율은 골재가 얼마나 많은 물을 머금고 있는지를 머금은 물의 양의 비율을 구하는 것

흡수율(%)
= (표면건조포화상태 질량 - 절대 건조상태 질량) / (절대건조상태 질량) × 100
= (1100 - 1000) / 1000 × 100
= 100 / 1000 × 100
= 10%

- 수중질량은 계산에 필요하지 않음에 주의!

033

골재의 함수상태에 관한 설명 중 틀린 것은?

① 골재를 110℃정도의 온도에서 24시간 이상 건조시킨 상태를 절대건조 상태 또는 노건조 상태(oven dry condition)라 한다.
② 골재를 실내에 방치할 경우, 골재입자의 표면과 내부의 일부가 건조된 상태를 공기 중 건조상태라 한다.
③ 골재입자의 표면에 물은 없으나 내부의 공극에는 물이 꽉 차 있는 상태를 표면건조포화 상태라 한다.
④ **절대건조상태에서 표면건조포화상태가 될 때까지 흡수되는 수량을 표면수량(surface moisture)이라 한다.**

해 절대 건조상태에서 표면건조포화상태로 되기까지 흡수되는 수량은 표면수량이 아니라 골재의 흡수량이다.

034

운반 거리가 먼 레미콘이나 무더운 여름철 콘크리트의 시공에 사용하는 혼화제는?

① **지연제**
② 감수제
③ 방수제
④ 경화촉진제

해 운반거리가 먼 레미콘이나 무더운 여름철 서중 콘크리트 시공 시 응결지연을 위해 지연제를 사용한다. 반면에 추운 지방이나 겨울철 한중 콘크리트에 사용하여 빨리 굳어지는 효과(경화촉진)와 초기강도를 증진 효과를 위해서는 경화촉진제(염화칼슘)을 사용한다.

035

덩굴성 식물로만 짝지어진 것은?
① 등나무, 금목서
② 송악, 담쟁이덩굴
③ 치자나무, 멀꿀
④ 으름, 수국

해 덩굴성 식물에는 송악, 인동덩굴, 멀꿀, 마삭줄, 등, 으름덩굴, 머루, 오미자, 노박덩굴, 능소화, 담쟁이덩굴 등이 있다. 금목서, 치자나무는 상록활엽관목, 수국은 상록활엽관목인 나무수국과 초화류 두 종류가 있다.

036

살비제(acaricide)란 어떤 약제를 말하는가?
① 선충을 방제하기 위하여 사용하는 약제
② 나방류를 방제하기 위하여 사용하는 약제
③ 응애류를 방제하기 위하여 사용하는 약제
④ 병균이 식물체에 침투하는 것을 방지하는 약제

037

생물분류학적으로 거미강에 속하며 덥고, 건조한 환경을 좋아하고 뾰족한 입으로 즙을 빨아먹는 해충은?
① 진딧물
② 나무좀
③ 응애
④ 가루이

해 • 응애는 거미강에 속하는 흡즙성 해충이다.
① 진딧물은 진딧물과로 대롱처럼 생긴 입으로 식물의 줄기나 잎에 구멍을 내어 즙을 빨아먹는다.
② 나무좀은 딱정벌레목, 나무좀과로 쇠약한 수목에 침투하여 양분을 빨아먹어 고사시킨다.
④ 가루이는 매미목, 가루이과로 몸길이는 1.4mm로서 작은 파리 모양이고 몸색은 옅은 황색이지만 몸표면이 흰왁스가루로 덮혀 흰색을 띤다.

038

수목의 전정에 관한 다음 사항 중 틀린 것은?
① 가로수의 밑가지는 2m 이상 되는 곳에서 나오도록 한다.
② 이식 후 활착을 위한 전정은 본래의 수형이 파괴되지 않도록 한다.
③ 하계전정(6-8월)은 수목의 생장이 왕성한 때이므로 강전정을 해도 나무가 상하지 않아서 좋다.
④ 춘계전정(4-5월)시 진달래, 목련 등의 화목류는 개화가 끝난 후에 하는 것이 좋다.

해 여름전정, 겨울전정 모두 강전정은 피하는 것이 좋다.

039

평판 측량에서 제도용지의 도상점과 땅 위의 측점을 동일하게 맞추는 것은?
① 자침
② 표정
③ **구심**
④ 정준

해 평판측량의 3요소는 정준, 구심, 표정이다. 구심은 중심 맞추기로 편평측량 시 제도용지의 도상점과 땅 위 측점을 동일하게 맞추는 것을 말한다. 정준은 수평 맞추기, 표정은 방향 맞추기를 뜻한다.

040

현대적인 공사관리에 관한 설명 중 가장 적합한 것은?
① 품질과 공기는 정비례한다.
② 공기를 서두르면 원가가 싸게 된다.
③ **경제속도에 맞는 품질이 확보되어야 한다.**
④ 원가가 싸게 되도록 하는 것이 공사관리의 목적이다.

해 공기(공사기간)가 짧아 서두르면 품질이 나빠지므로 일반적으로 품질과 공기는 반비례하며, 공기를 서두르면 비싼가격에 자재와 인력을 구할 수 밖에 없다. **공사관리**의 목표는 경제속도(공기)에 맞는 품질의 확보를 포함한 **공정**, **원가**, **품질**, **안전**이다.

암기 TIP! 공원품안!에서 공사관리하자!

041

'느티나무 10주에 600,000원, 조경공 1인과 보통공 2인이 하루에 식재한다'라고 가정할 때 느티나무 1주를 식재할 때 소용되는 비용은? (단, 조경공 노임은 60,000원/일, 보통공 노임은 40,000원/일 이다)
① 68,000원
② 70,000원
③ 72,000원
④ **74,000원**

해 조경공사의 적산
- 1주당 노임과 1주당 가격을 따로 구하여 더하자!

조경공 1인과 보통공 2인의 하루작업 시 노임은 60,000+(40,000×2) = 140,000

- 14만원으로 느티나무 10주를 심으므로 1주당 노임은 14,000원이다.
- 느티나무 10주의 가격이 60만원이므로 1주당 가격은 6만원, 여기에 1주 식재 시 노임 14,000원을 더하면 74,000원이 느티나무 1주 식재 시 소요되는 비용이 된다.

042

다음 도시공원 시설 중 유희시설에 해당되는 것은?

① 야영장
② 잔디밭
③ 도서관
④ 낚시터

해 낚시터는 유희시설이다.
- 유희시설 : 시소, 정글짐, 사다리, 순환회전차, 궤도, 모험놀이장, 발물놀이터, 뱃놀이터 및 낚시터 그 밖에 이와 유사한 시설
- 휴양시설 : 야영장, 경로당, 노인복지관
- 조경시설 : 잔디밭, 관상용식수대, 산울타리, 그늘시렁, 못 및 폭포
- 교양시설 : 도서관, 독서실, 온실, 야외극장
- 편익시설 : 우체통, 공중전화실, 휴게음식점, 일반음식점, 약국, 수화물예치소, 전망대, 시계탑, 음수장, 제과점 및 사진관

043

다음 중 순공사원가를 가장 바르게 표시한 것은?

① 재료비+노무비+경비
② 재료비+노무비+일반관리비
③ 재료비+일반관리비+이윤
④ 재료비+노무비+경비+일반관리비+이윤

해 순공사원가 = 재료비 + 노무비 + 경비

044

일반적으로 수목을 뿌리돌림 할 때, 분의 크기는 근원 지름의 몇 배 정도가 적당한가?

① 2배
② 4배
③ 8배
④ 12배

해 일반적으로 수목을 뿌리돌림 할 때, 분의 크기는 근원 지름의 4배가 적당하다.

045

다음 설계기호는 무엇을 표시한 것인가?

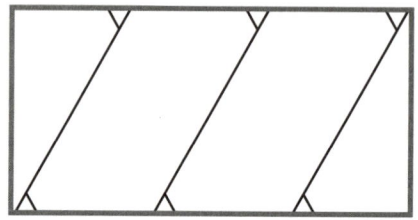

① 지반
② 잡석다짐
③ 자갈
④ 콘크리트

지반 　　　　　 잡석다짐

 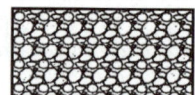
자갈 　　　　　 콘크리트-깬자갈

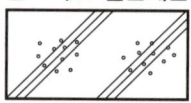
콘크리트-철근배근

046

수목을 옮겨심기 전 일반적으로 뿌리돌림을 실시하는 시기는?

① 6개월~1년
② 3개월~6개월
③ 1년~2년
④ 2년~3년

해 뿌리돌림 시기는 이식하기 6개월~1년 전 (해토 직후 3월중순부터 4월상순이 적당)

047

〈보기〉의 (   )안에 적합한 쥐똥나무 등을 이용한 생울타리용 관목의 식재간격은?

〈보기〉
조경설계 기준 상의 생울타리용 관목의 식재간격은 (~   )m, 2~3줄을 표준으로 하되, 수목의 종류와 식재장소에 따라 식재 간격이나 줄 숫자를 적정하게 조정하여 시행해야 한다.

① 0.14 ~ 0.20
② 0.25 ~ 0.75
③ 0.8 ~ 1.2
④ 1.2 ~ 1.5

해 생울타리용 관목의 식재간격은 0.25 ~ 0.75m, 2 ~ 3줄을 표준으로 한다.

048

속효성 비료로 계속 주면 흙이 산성으로 변하는 비료는?

① 황산암모늄
② 요소
③ 석회질소
④ 중과석

해 황산암모늄은 백색의 결정으로 질산성 질소(NO3-N) 21%, 황(S) 24%가 함유된 산성 비료이다. 속효성 비료로 계속 사용하면 토양이 산성화된다. 요소, 석회질소, 중과석은 중성 비료에 속한다. 알칼리성 비료에는 용성인비가 있다.

049

인간이나 기계가 공사 목적물을 만들기 위하여 단위물량당 소요로 하는 노력과 품질을 수량으로 표현한 것을 무엇이라 하는가?

① 할증
② 품셈
③ 견적
④ 내역

050

잔디 식재지 표토의 최소 토심(생육 최소 깊이)으로 가장 적합한 것은?

① 10cm
② 20cm
③ **30cm**
④ 45cm

🖎 잔디 생육 최소 토심은 30cm이다.

구분	생존최소토심	생육최소깊이 (토양등급중급이상)
잔디 초화류	15cm	30cm
소관목	30cm	45cm
대관목	45cm	60cm
천근성 교목	60cm	90cm
심근성 교목	90cm	150cm

051

이식한 나무가 활착이 잘되도록 조치하는 방법 중 옳지 않은 것은?

① **유기질, 무기질 거름을 충분히 넣고 식재한다.**
② 현장 조사를 충분히 하여 이식 계획을 철저히 세운다.
③ 나무의 식재방향과 깊이는 최대한 이식전의 상태로 한다.
④ 주풍향, 지형 등을 고려하여 안정되게 지주목을 설치한다.

🖎 수목 이식 시에는 유기질 비료를 흙과 고루 잘 섞어 사용하되, 비료가 직접 수목의 뿌리에 닿지 않도록 주의한다.

052

다음 중 잎이나 가지에 붙어 즙액을 빨아먹어 잎이 황색으로 변하게 되고 2차적으로 그을음병을 유발시키며, 감나무, 동백나무, 호랑가시나무, 사철나무, 치자나무 등에 공통적으로 발생하기 쉬운 충해는?

① **깍지벌레**
② 측백나무 하늘소
③ 흰불나방
④ 진딧물

053

식물명에 대한 『코흐의 원칙』의 설명으로 틀린 것은?

① 병든 생물체에 병원체로 의심되는 특정 미생물이 존재해야 한다.
② 그 미생물은 기주생물로부터 분리되고 배지에서 순수 배양되어야 한다.
③ 순수배양한 미생물을 동일 기주에 접종하였을 때 동일한 병이 발생되어야 한다.
④ **병든 생물체로부터 접종할 때 사용하였던 미생물과 동일한 특성의 미생물이 재분리 되지만 배양은 되지 않아야 한다.**

🖎 코흐의 원칙은 어떤 질환이 그 원인이 되는 미생물간의 관계에 대한 4가지의 원칙을 말한다.
1. 병든 생물체에 병원체로 의심되는 특정 미생물이 존재해야 한다.
2. 그 미생물은 기주생물로부터 분리되고 배지에서 순수 **배양되어야 한다.**
3. 순수배양한 미생물을 동일 기주에 접종하였을 때 동일한 병이 발생되어야 한다.
4. 배양된 미생물이 접종된 생물체에게서 다시 분리되어야 하며, 처음 발견한 것과 동일해야 한다.

054

상해(霜害)의 피해와 관련된 설명으로 틀린 것은?

① 성목보다 유령목에 피해를 받기 쉽다.
② 일차(日差)가 심한 남쪽 경사면 보다 북쪽 경사면이 피해가 심하다.
③ 분지를 이루고 있는 우묵한 지형에 상해가 심하다.
④ 건조한 토양보다 과습한 토양에서 피해가 많다.

해 일교차가 심한 남쪽경사면, 오목한 분지지역, 큰 나무보다는 어린나무(유령목), 건조토양보다는 과습한 토양, 북서계절풍이 심한 지역에서 나무가 피해를 많이 받게 된다.

055

큰 나무이거나 장거리로 운반할 나무를 수송 시 고려할 사항으로 가장 거리가 먼 것은?

① 운반할 나무는 줄기에 새끼줄이나 거적으로 감싸주어 운반 도중 물리적인 상처로부터 보호한다.
② 밖으로 넓게 퍼진 가지는 가지런히 여미어 새끼줄로 묶어 줌으로써 운반 도중의 손상을 막는다.
③ 장거리 운반이나 큰 나무인 경우에는 뿌리분을 거적으로 다시 감싸 주고 새끼줄 또는 고무줄로 묶어준다.
④ 나무를 싣는 방향은 반드시 뿌리분이 트럭의 뒤쪽으로 오게 하여 실어야 내릴 때 편리하게 한다.

해 나무를 싣는 방향은 뿌리분이 반드시 트럭의 앞쪽으로 오도록하여 가지의 손상을 줄인다.

056

다음 설명에 해당하는 파종 공법은?

- 종자, 비료, 파이버(fiber), 침식방지제 등을 물과 교반한 다음 펌프로 살포하여 녹화하는 방법이다.
- 비탈면의 기울기가 급하고 토양조건이 열악한 급경사지에 기계와 기구를 사용하여 종자를 파종한다.
- 한랭도가 적고 토양 조건이 어느정도 양호한 비탈면에 한하여 적용한다.

① 식생매트공법
② 볏짚거적덮기공법
③ 종자분사파종공법
④ 지하경뿜어붙이기공법

해 종자분사파공종에 대한 설명이다.
① 식생매트공법
 - 종자와 비료 등을 풀로 부착시킨 매트를 비탈면에 전면적으로 피복하는 공법
② 볏짚거적덮기공법
 - 비탈면에 종자 살포 후 그 위에 볏짚거적을 덮어줌으로써 씨앗유실방지 및 보습으로 발아가 촉진되도록 하는 공법
④ 지하경뿜어붙이기공법
 - 지하경(땅속에서 자라는 줄기) 식생기반재를 고압으로 암반비탈면에 두텁게 뿜어붙이기를 하는 공법

057

다음 중 상록용으로 사용할 수 없는 식물은?
① 마삭줄
② 불로화
③ 골고사리
④ 남천

해 불로화(不老花)는 국화과에 속하는 한해살이풀로 상록용으로 적합하지 않다. 흔히 학명의 속명인 아게라툼이나 아게라덤이라 부른다. 마삭줄은 상록의 덩굴성 식물이며, 골고사리도 상록성 다년초이다. 남천은 매자나무과의 상록 관목이다.

058

잔디깎기의 목적으로 옳지 않은 것은?
① 잡초 방제
② 이용 편리 도모
③ 병충해 방지
④ 잔디의 분얼억제

해 지면과 접하는 부위에 밀집된 잔디의 마디에 있는 곁눈이 신장하는 것을 분얼(tillering)이라 한다. 잔디 깎기는 수평 분얼(分蘖)을 촉진키고, 통풍을 좋게 한다.

059

직영공사의 특징 설명으로 옳지 않은 것은?
① 시급한 준공을 필요로 할 때
② 공사내용이 단순하고 시공 과정이 용이 할 때
③ 일반도급으로 단가를 정하기 곤란한 특수한 공사가 필요할 때
④ 풍부하고 저렴한 노동력, 재료의 보유 또는 구입 편의가 있을 때

해 직영 공사 시에는 공사기간의 연장 우려가 있기 때문에 주로 시간적 여유가 있는 경우 시행한다.

060

다음 〈보기〉의 잔디종자 파종작업들을 순서대로 바르게 나열한 것은?

〈보기〉
㉠ 기비살포 ㉡ 정지작업 ㉢ 파종 ㉣ 멀칭
㉤ 전압 ㉥ 복토 ㉦ 경운

① ㉠ → ㉢ → ㉡ → ㉥ → ㉣ → ㉤ → ㉦
② ㉡ → ㉢ → ㉤ → ㉥ → ㉠ → ㉣ → ㉦
③ ㉢ → ㉠ → ㉡ → ㉥ → ㉤ → ㉦ → ㉣
④ ㉦ → ㉠ → ㉡ → ㉢ → ㉥ → ㉤ → ㉣

해 잔디종자의 파종은 경운 → 기비살포 → 정지작업 → 파종 → 복토 → 전압 → 멀칭 순서로 한다.

암기 TIP! 잔디파종 최강자는 경기정파 복전멀!

조경기능사

기출 스피드 암기노트 시리즈

기출 스피드 암기노트 시리즈

스피드 암기노트와 문답암기 핵심노트 200% 활용법

- 유튜브 채널 파이팅혼공TV 조경기능사 필기 영상을 재생하여 들으면서, 동시에 체크해 나가신다면 훨씬 빠르고 효율적으로 공부하실 수 있습니다.
- 시험이 임박할수록 공부범위를 줄이고 반복횟수는 늘려서 합격에 필수적인 암기량을 확보해야 합니다.

❖ 1회독을 하실 때마다 체크박스에 체크를 하셔서 공부량을 누적해 보세요!

기출 스피드 암기노트 1

| 1 | | 2 | | 3 | | 4 | | 5 | | 6 | | 7 | |

- **전정 방법**은 수관 밖에서 안으로,

  위쪽에서 아래쪽, 굵은 가지 먼저 가는 가지 나중에

- 제1신장기 마치고 통풍 채광 위해서 하는 것 - **여름전정**

- **가중나무** 양수, **녹나무**는 음수, **은행나무** 침엽수

- 그 해 자란 가지에 당년 꽃피는 **무궁화 능소화 배롱나무** (철쭉 (×))

- 돌쌓기 중 가장 고급품은 **마름돌**

- 충진수술은 **4~6월**에 한다.

- **미국흰불나방은** 트리클로로폰 디플루벤주론으로 방제

- **응애**는 침엽수에 피해준다 (○)

- **쾌적함**을 느끼는 상대습도 **40~50%**

- **아왜나무**는 단풍감상용 아니다. **(상록교목)**

- 목본성 지피식물 - **송악** (○)

- 수형은 **수관 + 줄기**

- 백합은 붉은 단풍 (×)

- 붉감화(불가마) + 벚나무, 검양옻나무는 붉은 단풍

- 석재 겉보기 비중 **2.5 ~ 2.7**

- **빗물받이**는 20m간격으로 설치

- **화단심기** - 밟아준다 (×) 흐린날한다 (○)

- 소형고압블럭 두께 - **보도용은 6cm**

- 관목류 계절이 변할 때 마다 전정한다 (×)

- 도면 기본단위는 원칙적으로 **mm**임

- 활동접근법은 **"참가사례"**

- 토성결정요소 **모래. 미사. 점토** 모미점 (자갈(×))

- **진딧물 방제**는 메타시스톡스

- 조경은 건축토목 일부다 (×)

- **십장생** 아닌것 용 (Dragon)

- **척박지**에서도 잘 자라는 **졸참나무**

- **바람**은 병충해 전파하고 수형조절하고 온도조정한다
  but 착색촉진은 아니다.

- 르노트르 출세작은 **보르비콩트**

- **스프레이법**은 분체 도장

- 넓은 지역 포장 바닥채색, 문양 - **우레탄 포장**

- 생장촉진 생장조절제 아토닉 　암기 TIP! 아톰처럼 잘자라라~

- 흰가루병 - **장미**

- 그늘지고 점질토 풍부한 곳 - **수목 가식 부적당**

- **뿌리돌림** 일년내내 가능 (×)

- **느티나무**는 수명 길~다.

- 척박지에 잘자라는 **소나무 자작나무 졸참나무**

- **산수유, 산딸나무**는 근원직경으로 측정

- 서양정원 **디딤돌은 직선타**

- **편익시설**에 **주차장 매점** 들어간다.

- 당나라 **온천궁**

- 곰솔은 양수

- 생강나무 화살나무는 **낙엽활엽관목**

- 30cm 간격 2줄 어긋나게 3m식재시 18본 필요 (20본(×))

- 한중콘크리트는 **4도씨 이하**

- 슬럼프시험은 **반죽질기측정**

- 침엽수 상록활엽수 이식적기는 **이른봄+장마**

- @는 철근의 **간격**

- **무궁화**는 **1년생 초지분화**한다.

- **질소결핍 - 묵은잎 황변**

- 깍지벌레 방제엔 **메치온**

- **방**화식재 **광**나무 **식**나무 암기 TIP! **소방수 광식이**

- 정원을 그대로 축소한 **축경원 - 일본**

- 잔디초화류 구분하는 곡선처리 가장 용이한 재료 - 플라스틱

- 시멘트+물 = **페이스트**, 시멘트+모래+물 = **몰탈**, 시멘트+모래+자갈 = **콘크리트**

- 50평이상 러프깎는 **로타리모우어**

- 거칠어진 돌표면을 **조면이라** 한다.

- 황변 그을음병, 감동호사치 (**감**나무, **동**백나무, **호**랑가시나무, **사**철나무, **치**자나무) 공통으로 발생하는 **깍지벌레**

- 나란히 **2인** 통행 원로폭은 **1.5 ~ 2.0m**

- **서아시아** 수렵원 - 인공언덕, 인공호수 조성

- 인공재료는 **불변성**이다. O

- 플라스틱은 콘크리트, 알루미늄보다 **가볍고 강도와 탄성력**이 있다.

- 플라스틱은 **내열성, 내광성 부족**, 불에 탄다. 부식 안된다. **(내식성있다)**

- 플라스틱은 **내산성, 내충격성 없다.**

- **보리수**는 상록관목 아니다. **(낙엽관목)**

- 피라칸사스, 꽝꽝나무, 호랑가시나무는 **상록관목**

- 오동나무, 가시나무, 목련 **이식 어렵다.**

- 굴거리나무 - **음수**

- **대나무**는 벌레피해 (○) 잘 썩는다 (○)

- **전나무**는 도로가나 도시에 **부적합**, **도로가나 도시**에 적합한 수종은 **벽오동, 쥐똥나무, 향나무**

- 우리나라 **전통담장**은 내민줄눈 **(통줄눈은 안된다)**

- 자연상태 **점질토**는 보통 m³ 당 **1500~1700kg**

- 느티나무는 심근성

- **모란**은 가을에 이식 **9~10월** (○) (8~10월로 암기한다)

- **잠복소**는 물리적방제법

- **솔나방**은 잎을 갉아 먹는다.

- **전망대**는 **편익시설**이다.

- 거푸집으로 쓰는 **내수성 합판**

- **곧은결** 판재는 건조 중 **표면 활력 덜 생긴다.**

- **잎갈나무**는 **낙엽침엽수**

- **미루나무**는 **무른나무**

- **Ph4 ~ ph4.7**에서 왕성하게 생장하는 **낙엽송**

- 시설물의 연간관리에 **수관손질은 없다.**

- **와이어메쉬**는 콘크리트 두께의 1/3에 위치

- 일반적으로 **뿌리돌림**은 **이식 6개월**에서 **1년전**에 실시

- **배롱나무**는 **당년** 자란 가지에서 꽃핀다.

- **밑거름** 시비는 **낙엽이 진 후**에 한다.

- **진달래, 목련**은 개화직전에 전정하지 않는다.

- **수형구성**에 가장 예민한 환경인자는 **광선**

- **마운딩**에 **연결기능은 없다.**

- 넓이를 한층 더 크고 변화 있게 하는 **눈가림수법**

- 이집트 **데르엘바하리** 신전은 **열식**

- **레드번**은 하워드의 전원도시로 교외주택지 **동선의 완전분리**가 특징

- **중세수도원 예배실** 등 네모난 공지는 **클라우스트룸**

- 목재 건조 방법 중 **찌는법**은 **크기제한, 강도저하, 광택저하** 일어난다.

- **방풍수는 심근성**으로 가급적 낙엽수를 피하고 **상록수로 한다.**

- **가시나무**는 가시산**울타리에 부적합**

- **박태기나무**는 **낙엽 활엽수**

- 보행공간 포장재료로 질감이 거친 것 (×) **밝은색으로 (O)**

- **계단폭포, 물무대, 분수, 정원극장, 동굴**은 **이탈리아 정원**의 특징

- 수도원 정원에는 약초원, 폐쇄적, 실용적, 회랑식 중정이 특징. but 원색의 색사 (×)

- 18세기 영국 낭만주의 보여주는 - **스토우정원**

- **초점경관**은 **강물, 계곡, 길게 뻗은 도로**

- **버즘나무** - 전체 수목 질감이 **거칠다.**

- **모자이크타일** - 타일의 **용도**에 따른 분류에 **속하지 않는다.**

▣ 기출 스피드 암기노트 2

| 1 | | 2 | | 3 | | 4 | | 5 | | 6 | | 7 | |

- **벽돌**은 하루에 **1.5m 이하** 쌓는다.

- 원목 4면을 따낸 목재는 **조각재**

- **가시나무 목련**은 이식 싫어함

- **자귀나무**는 꽃향기가 **진하다.**

- 알뿌리화초 암기 TIP! **튜수칸다**   **튜**립(튤립) **수**선화 **칸**나 **다**알리아

- **공기흡인식** 노즐은 **시각효과 크다**

- **석가산**은 **산석**이다.

- 평깔기보다 **모로세워깔기**가 벽돌 **더 많이 필요**

- **벽돌포장**은 강도 **약하다 (O)**

- **굵은 가지**가 잔가지보다 **빨리 자라면** 인공적 수형에 **부적합**

- **하계전정**은 **강전정**해도 나무 상하지 않아서 좋다 (×) **안좋다 (O)**

- **수간감기**는 잡초방지와 관련 **없다.**

- **중앙분리대**에는 **향나무** 적합

- **풍경식**은 자유로운 선

- **건축식 조경양식**은 프랑스

- **옥상정원**은 양분 유실속도 **빠르다.**

- 가공하지 않는 천연석으로 **10~20cm 계란형**은 **조약돌**

- 염분에 강한 **비자. 사철나무**

- 건조지 습지 모두 잘견디는 **꽝꽝나무**

- 백일홍은 **배롱나무**

- 우리나라 잔디는 **그늘 싫어요**

- 공원조명 **0.5~1.0룩스**

- **연간관리** 작업계획에 **뗏밥주기는 없다.**

- 철재 녹 연단엔 **에나멜**

- **메프제**는 잡초방제용은 아니다.

- 잡초방제용은 **알파~씨**

- 수목의 **위조방지제 그린너**

- **한국잔디**는 일반적으로 **종자파종 안함**

- 가로수 식재 구덩이 보차도 경계선에서 **1m~0.65m**

- 일본정원 특징은 **기교와 관상에 치중**

- 합판은 **홀수 붙임**

- 석재는 **비중 클수록 흡수율 적다.**

- 목재방부엔 CCA **크롬 구리 비소**

- **산울타리 조건** 전정에 강하고 **아랫가지 말라죽지 않아야**

- **모래터**에 적합한 녹음수는 **백합나무**

- **느티나무 역삼각형** 수형

- 원로 포장 파손 시 모래를 원래 높이만큼 더 깔고 보수 (×)

- 수명 길어 **수은등**

- 농약은 흐린날준다. (×)

- **진흙** 바르는건 **소나무 좀 예방**

- 양버즘나무 **흰불나방 방제엔 디플루벤주론**. 그로포

- **느티나무 근원직경으로** 품산정

- **슬래그는 혼화재** (혼화제 (×))

- 내부공극 곰보 예방법은 **다지기** (○) (양생 (×))

- 한중콘크리트는 **4도씨 이하**에서 사용

- 디딜돌 두께는 **10~20cm**

- 원로 기울기 **15도 이상일 때** 계단 설치

- **전정목적** 아닌 것 움틔억제 생김새고르게 하기위해서 (×)

- 열매 따버린다 **착화촉진**위해서다 (○)

- 시듦병 세균성 연부병은 **나무전체에 발생**

- 난지형 땟밥주기는 **6~8월**

- 자연형성과정 파악 위한 분석 아닌 것 - **토지이용**

- 형태가 정형적이나 시공비가 많이드는 **마름돌**

- **플라스틱특성** 콘크리트와 알루미늄에 비해 **가볍고 강도와 탄성이 크다** (○)

- **스테인리스용접**에 적합. 내식성을 향상시키는 **불활성가스용접**

- 외장타일은 **도자기** 제품

- **포플러**는 무른나무

- 참나무 향나무 박달나무는 **단단**

- 질감 부드러운 **회양목**

- **소나무**는 습한 땅 못 견뎌

- **노란단풍**은 백합나무 고로쇠나무

- 양잔디를 기계파종 후 **색소를 희석**하는 건 **파종지역 구분** 확인 위한 것

- 소나무는 **1회 신장형** 수목

- 전정 시 단번에 제거 (×)

- **뗏밥**은 일시에 많이 주면 안된다.

- **모란**의 이식시기는 **8~9월** (○) (8~10월로 암기한다)

- **강조**는 **단조로움** 절대 **아니다.**

- **가을 단풍**은 일시 경관 **아니다.**

- **눈향나무**는 **상록침엽관목**

- 소나무는 맹아력 약함

- 멀꿀, 오미자, 능소화는 **덩굴성식물**

- 화강암이고 회백색이다 **포천석**

- 간단한 눈가림 가느다란 각목. 장미심는 **아아치**

- **4~10%** 포장구배는 **완만한 구배**로 운동에 적합

- 이식활착조치 중 무기질유기질 거름 충분히 준다 (×)

- 전정할 때 가지에 **비스듬히** 대고 자르면 **안된다.**

- **이식 후의 전정**은 **생리조정**을 위한 것

- 잔디깎기 효과로 갈라짐 억제는 (×)

- 잔디잎 황갈색 얼룩점생기는 **붉은 녹병**

- 열매 **착색촉진**엔 **엑테폰** 전화주세용~

- **깍지벌레** 한판붙자. **메치~온**

- 수목생장에 겨울철에도 **최소 6시간** 광선 필요

- **중정파티오 색체타일** 가장많이 쓴다.

- **아황산**은 봄여름에 피해 가장 크다

- 목재방부 **CCA 크구비 (크롬, 구리, 비소)**

- 산성토양엔 **진달래**

- 연못가 습지엔 **낙우송**

- **여름꽃** 볼려면 배롱나무 **능소화**

- 붉은 단풍에 감화되었다. 암기 TIP! 붉감화담(감나무.화살나무.담쟁이)

- **방풍림엔 구실잣밤**

- 상록활엽교목 **녹나무**

- 땟장번식 병충해 강한 **재래종 잔디** 하지만! **자주깎지 마세요~**

- **천연분체** 색소시멘트는 **인조석 보도블럭**

- 모과나무 붉은별무늬 중간기주는 **향나무**

- **농약제초**는 효과 지속되고 범위 넓다.

- **전정**은 계절 변할 때 마다 하는 것 아니다.

- 종자파종 **KOH 20~25% 30~45분** 처리 후 파종

- 광장 등 넓은지역 포장 바닥색채 문양 낼때는 **우레탄**

- 모르타르는 암기 TIP! 시모물 **시멘트+모래+물**

- **실리카시멘트**는 혼합시멘트

- **방청용 도료**는 광명단, 징크로메이트, 위시프라이머 (에멀전페인트는 아님)

- 뿌리 뻗음이 가장 웅장한 **느티나무**

- **개나리 산수유 백목련**은 꽃 먼저 피고 잎은 나중에

- **목련 가시나무**는 이식 어려워

- 3차원 느낌 실제 같다. **투시도**

- 단단한 바위비탈면 기울기 **1:0.3 ~1:0.8**

- **한국잔디**는 내습성 약하다 (O)

- 상세도는 **입체 아니다.**

- **모래놀이터** 깊이는 **30cm이상**

- 진딧물은 만코제로 안죽어~　만코제브수화제(다이센엠) : 검은점무늬병

  진딧물 방제 : 메타시스톡스

- 솔나방에 디프제(디프록스)　암기 TIP! 솔디~

- 잔디최소생육깊이 **30cm**

- 4목도돌은 200kg **1목도돌 50kg**

- **영구 위조 시** 토양수분은 **2~3%**

- 도드락은 숫돌로 매끈하게 다듬는것 아님

- **1300도로 구웠다 도자기임**

- 가을에 씨뿌리는 **1년초는 팬지**

- 주물러 **유궤법~**

- **자귀 척박해도 잘살자.** **자귀**나무는 **척박**지에서도 잘견딘다.

- **개나리는 그 해 자란 가지**에서 꽃눈 분화 월동 후 봄에 꽃핀다.

- **표제란** 내용은 젤 **마지막**에 적는다.

- 곡선 그리는 **운형자**

- 중간에 공간을 두고~옆에 세워놓고~**옆세워 쌓기**

- 원로 기울기 **15도이상** 이면 **계단설치**

- 바다매립 공업단지 **토양염분 0.02%이하여야**

- 침엽수 전정은 **7~8월은 안된다.**

📝 기출 스피드 암기노트 3

| 1 | | 2 | | 3 | | 4 | | 5 | | 6 | | 7 | |

- **디니코나졸**로 방제하는 **녹병**

- **흰별무늬병**은 지면에 가까운 부위에서 발생

- **파이토플라즈마**가 일으키는 암기 TIP! **뽕오대**
  뽕나무 오갈병, **오**동나무 빗자루병, **대**추나무 빗자루병

- **안압지 궁남지**는 신선사상

- **향원지**는 경복궁

- 동양최초 서양식은 **원명원**

- **보색인접**하면 **뚜렷**하고 **선명**해진다.

- **퍼걸러**는 정원 한 가운데 (×)

- 자작나무과 단목은 **박달나무**

- **우레탄**은 투과성 좋지 않다.

- 투과성 큰 것은 **아크릴**

- 큰 화단은 **중앙부터** 심는다.

- **부엽토**는 경량재 아니다.

- 단위골재량 크면 **공기연행 증가**

- **흰말채나무**는 흰열매

- **복자기 고로쇠**는 단풍과, **낙우송**은 호생

- **메타세쿼이아**는 마주나는 대생.

- 강의 열처리 **로내부 풀림.**

- **자연석 쌓기**는 **실적률**로 계산

- 1일평균 시공량은 **공/작** 〈공사량 나누기 작업일수〉

- 기지점에 세운표척 눈금은 **후시**

- 제도용 지도상점에 땅위측점을 맞추는 것을 **구심**

- 빠른대피는 **방사식**

- 좋은 보행감은 **45cm**

- 터파기=되메우기+잔토량

- **잎응애**는 살충제로 안죽고 **살비제로**

- **속효성비료**는 7월 이후에 주면 안됨

- 물/배수는 약량

  (예) 물 20L 1000배액을 만들려면 약량 몇 밀리리터 희석하면 되는가?

      20000ml 나누기 1000은 20ml

- 잔디깎기 목적은 **잔디분얼억제 아니다.**

- **루비깍지 돈깍지 포스파미돈액**

- 묘포지 토양소독에는 **클로로피크린**

- **향나무 녹병**은 배, 모과, 꽃사과 등 유실수에 대표적으로 발생

- 고려시대 최초 정원은 **동지**

- 아미산 굴뚝엔 반송 없다.

- 300년된 엄나무 성락원에 없다.

- **별서정원**은 **유교사상** 반영된 것

- 산태극 수태극 **풍수사상**

- 왕희지 영향으로 현재 남아있지 않는 곡수거 옆 **포석정**

- **르네상스**엔 주변 자연환경과의 조화 안따졌다.

- **르네상스**는 심미성 위주

- 외벽도색은 **면적효과**

- 토목은 F (건설)

- 2인용의자 **120cm**

- 〈점차 서서히〉는 **점이**

- **점층**은 반복배열

- 황금비는 **1.618**

- 연못최소면적 **1.5제곱미터**

- 사철 회양은 꽃색깔 다르다.

    사철은 흰색, 회양목은 노란색

- 대나무는 **부피생장 안한다.**

- 울릉도 오엽송 **섬잣나무** 해풍에 약함

- 생장느린 **눈주목**, **비자나무**도 생장 느리다.

- 사철 푸른 상록수 **사철나무**

- **미선나무** 미선이와 맞선 **마주나기** 어긋나기 (×)

- 고광나무 꽃은 백색 〈**고광백색**〉

- 안장접

- 대강따낸 **혹두기**

- **프리팩트**는 **주입**

- PS프리스트레스트는 **강선**

- 500도씨 견딘다 **실리콘** 주걱

- 항공기 폭격 에폭시 항공기 접착 **에폭시**

- 터널, 안개지역에는 **나트륨**등

- 산소운반 황화현상 조기낙엽 관련 원소는 **철 Fe**

- 목재 공기중수분제거 상태 **기건비중**

- **밤나무혹벌**은 식엽해충 아니다.

- 안식각 순서는 점보모자 순서 (점토, 보통 흙, 모래, 자갈)

  자갈이 안식각 제일 크다.

- **대취**는 스캘핑과 상관없다.

- 동해방지엔 증산제 아니라 시들음방지제 줘야

- **뽕나무 오갈병. 오동나무. 대추나무 빗자루병**
    - 파이토플라즈마에 의해 발생

- **글리포세이트**는 다죽인다. **비선택적 제초제**

- **부들**은 잔디밭 **잡초 아니다.** (습지)

- **잣나무 털녹병** 중간기주는 **송이풀과 까치밥나무**

◨ 기출 스피드 암기노트 4

| 1 | | 2 | | 3 | | 4 | | 5 | | 6 | | 7 | |

- **부들**은 연못가나 **습지**에서 자람

- **창덕궁 - 애련정 부용정** 있다.

- **졸본성**에 **오녀산성**

- **아미산**은 경복궁 교태전 뒤 **화계**

- **이집트**는 태양신을 모시는 **신전정원** 영향

- **계획**은 **합리적**으로 **설계**는 **창의적**으로

- **파선**은 보이지 않는 부분 표시

- **다이어그램**은 설계원칙추출 단계 아니다.

- **절단면**에서 **가깝고 멀고**를 표시한 건 **투시도**

- 정투상도에 단면도는 없다.

- 색명은 예로부터 불려온 것 아니다.

- 현 색계가 아닌 것은 CIS다.

- 조건 등색은 **메타메리즘**

- **미기후**에 서리안개 자외선은 포함된다.

- 배수양호 **평탄지**의 구배는 **1~4%이하이다.**

- **묘지공원 전망대**에는 큰 나무 피하고 적당크기의 화목류를 식재한다.

- **정글짐**은 유희시설

- **형상수로** 내음 비옥지 붉은 열매 열리는 **주목**

- **수피흰색**인 서어나무 자작나무

- 바늘각점 **호랑가시나무**

- **모과나무**는 군청색 수피

- **능소화**는 능글능글 **마주보기**

- **조팝나무, 쥐똥나무**는 관목

- **이팝나무**는 교목

- 열경화성 수지로 합판도색에 이용하는 **멜라민수지**

- 화성암은 안현섬. (안산암, 현무암, 섬록암) but 사암 (×)

- 자연형 호안공에 **견치석**은 부적절

- **아연**은 **수중 내식성 크다.** (○) 작다 (×)

- **유리**의 주성분은 소석규 **(소다.석회.규산)**

- 철강 탄소함유량은 **3~3.6%**

- 사문암은 변성암. ⟨**변성암은 변편대사문**⟩

- 콘크리트 접착엔 **에폭시**

- **질산암모늄**은 방화제로 부적합 - 폭발함

- 콘크리트에 **염화 칼슘** 섞는 건 **조기강도 증대목적**

- 경화콘크리트보다 들어가는 **골재, 석재의 강도가 높아야**

- 보도블럭 깔때 충격완화는 **모래로~**

- 지역광대하고 구분배관하는 방법은 **방사식 배관**

- 공사시방서는 특별시공 전문시방 기준 아니다.

- **사질토**가 점토보다 **내부마찰각 크다.** 지지력이 크다는 말

- 하천정화에 파라다이소 (×) (파라다이소는 옥상정원용)

- **메쌓기**는 따로 **배수관 필요 없다.**

- 연중 유지관리에서 **기비를 먼저 전정, 제초 순**

- 잔디밭에 비선택적 제초제 쓰면 큰일난다.

- **천공성**은 **하늘소**

- **평행지**는 **제거**한다.

- 곤충소동물로 전반되고 마름무늬매무충에 의해 발생하는 **대추나무 빗자루병**

- **소나무 시들음병**은 **선충**에 의해 발생

- **지효성**은 밑거름, **속효성**은 덧거름

- **르노트르** 대칭형 화단은 **구획화단**

- 한시대 **포는 채소밭**

- 토지이용 동선체계는 **기본계획때 수립**

- **200제곱미터** 이상 건축시 **조경해야**

- 차량위험 없는 **쿨데삭 녹지**

- **굵은선**은 도면윤곽선

- **가는 녹색선**은 넓은 면

- **일위대가표 단위는 단가는 0.1원단위** (총합) 계금은 1원단위 1234원

기출 스피드 암기노트 5

| 1 | | 2 | | 3 | | 4 | | 5 | | 6 | | 7 | |

- 〈참가사례〉 활동접근법

- **해초풀에 소석회** 섞은 것 **회반죽**

- **모래언덕**은 2차 천이 아님

- **이윤**은 순공사원가에 안 들어감!

- **순공사원가**는 재노경 (재료비 노무비 경비)

- 표준 보편 시방서다. **표준시방서**

- 녹음식재는 경관조절식재 아니다.

- 가로수로 무궁화는 부적합

- 도시도로 주변에 전나무는 부적합

- **붉은 단풍**은 감나무 화살나무 불가마 단풍 (붉은색 단풍)

- 2년생 **결과지에 열매 맺는** 살구나무 (지난 해 자란 가지에 꽃눈 형성, 금년에 개화)

- 노**각**나무는 교목 암기 TIP! 또각또각 꼿꼿

- 암기 TIP! 광꽝상관 **광**나무 **꽝**꽝나무는 **상록관목**

- **연보라꽃 검정**열매 지피식물 〈**맥문동**〉

- **생강나무**는 흑색열매

- **미선나무** 열매는 부채모양

- **화강암**은 내화내열성 떨어진다. 〈주의!〉

- **시공관리**에 노무관리 안들어감

- 보통 흙의 안식각 **30~35도**

- **긁기, 절단, 마모**는 경도

- **호박돌**은 줄눈 어긋나게 쌓기

- 망에 넣어 비탈면 녹화하는 것은 **식생자루공**

- 메쌓기는 **2m이하로**

- 소운반은 20m, **경사면은 수직1m에 수평6m로 환산**

- 흙을 버리는 곳 **사토장** (토취장 (×))

- 살수기 최대 간격은 살수 직경의 **60~65%**

- 장애물로 시준 곤란 좁은 지역 측량 〈**전진법**〉

- 오동나무 빗자루병 균 **기주내 잠재월동**

- 끈끈한 분비물 그을음병 발생시키는 〈**진딧물**〉

- **생리적 산성 비료** 〈황산 암모늄〉

- **물에 의해 전반**되는 〈향나무 적성병균〉

- **바람에 의해 전반**되는 〈잣나무 털녹병균, 밤나무 줄기마름병〉

- **벤치목재** 관리주기는 **2~3년**

- **수렵원**은 서아시아 정원 특징 (이집트 (×))

- **감베라이아**는 고대로마 시대 (×) (17c 후기 바로크, 이탈리아 피렌체)

- **르네상스 로마 3대별장** – 란테장. 파르네제장. 데스테(에스테)장.

- **귤준망**은 헤이안시대다. (겸창시대 (×))

- **골프장**에 평지지형은 적합하지 않다.

- 부정형 지역 **면적측정**은 **플래니**미터 암기 TIP! 면적측정에는 플랜이 있어야

- 알루미나 시멘트는 혼합 시멘트 아니다.

  [혼합시멘트는 **고로슬래그, 플라이애쉬, 포틀랜드포졸라나시멘트**]

- **고구려 대성산성 안학궁**

- 시멘트의 주재료는 **석회, 질흙, 광석** 암기 TIP! 석질광 화강암 (×)

- **아카시나무**는 콩과 암기 TIP! 아카시한테 콩깍지가 팍

- **벚나무**는 맹아력 약하다.

- **목련**은 목필화라고 한다.

- **조팝나무**는 4월 흰색꽃

- 고로쇠나무, 내균도단풍은 **노란단풍**

- **배기가스** 강한 **녹**나무 **아왜**나무   암기 TIP! 공해가 녹아내림

- 아스팔트 양부판정은 **침입도로 체크**

- (표면건조-절대건조) / 절대건조 = 흡수율

  (표-절) / 절 = 흡수량

- **하늘소**는 잎을 가해하지 않는다.

- **지표관개**는 균일 관수가 어려움

- 오수 관거는 직경 **200mm**

- 독일 1차대전 후 대표정원 - **레서의 포크스파크 Volkspark**

기출 스피드 암기노트 6

| 1 | | 2 | | 3 | | 4 | | 5 | | 6 | | 7 | |

- 산사나무는 5월 봄에 **흰 꽃** 핀다.

- **음지**에 견디는 힘 강한 **회양목 눈주목**

- 염분에 강한 **해송**

- **견치석 쌓기**에서 높을 때 이음매가 수평이 되어서는 안된다.

- **목재섬유방향 평행강도**는 직각보다 **크다.**

- **관목규격**은 수고 H x 수관폭 W

- **박태기나무**는 타원형 수형

- 여름철 모래터 녹음수로 **버즘나무 적합**

- 환상윤상 거름주기 **너비 20~30cm, 깊이는 20~25cm**

- 꽃사과 진딧물엔 **메타시스톡스**

- 우리나라 들잔디 잘걸리는 붉은 악마! **붉은 녹병**

- 잔디 깎기에 약한 **캔터키 블루그래스**

- 알카리에 강한도료 **콘크리트도장**

- 콜드조인트 발생하고 초기 강도 크지만 장기 강도 저하되는 **서중콘크리트**

- **구조용재료**로 적합한 **소나무** 내구성 강도 크다.

- 시멘트+물(시물)은 시멘트 페이스트

- 수목 종자함수율은 **15%**

- **페리의 근린주구론** 간선도로에 의해 경계형성 도시계획구상 (차량중심의 동선 (×))

- 임류각 궁남지는 **백제** / 안학궁은 **고구려** / 석연지는 **신라**

- 백제 노자공 **수미산과 오교** 일본서기 (612년 무왕 13년)

- **목재방부 방법**에는 가압주입법, 로우리. 베델. 루핑법 있다. (리그린 (×))

- **흰말채** 겨울철 **붉은 줄기** 감상

- **비자나무**는 상록 침엽수

- 암기 TIP! **연못가엔 오리산다** **오리**나무는 **습지**에 강하다.

- 습지에 살고 미나리아재비목이며 물속 성장하는 **붕어마름**

- 디딤돌의 답면은 지표보다 **3~6cm 높게**

- 식재 작업 시 가장 먼저 하는 것은 **식혈**

- 굴취하여 가식할 때 **양지바른 곳은 부적당**

- 솔나방엔 **디프록스**

- **절단선**은 1점쇄선

- 여러 단으로 물 흘러내리는 것으로 이탈리아 정원양식인 **캐스캐이드**

- 10미터 **방풍림**은 아래쪽 **300m**까지 효과 있다.

- 1970년대 비로소 우리나라에 조경이라는 용어 사용되었다. (○)

- 중국 가장 큰 규모 정원. 지금은 소실된 **아방궁**

- **영국 험프리 랩턴** - 사실주의 자연풍경식

- 화강암 주요광물 〈**운모 장석 석영**〉 석회 (×)

- **표준관입시험**은 워커빌리티 측정에 부적합 (슬럼프시험이 워커빌리티 측정에 적합)

- 콘크리트골재 석축메움엔 **자갈**. 잡석 (×)

- 부처꽃과로 수피매끈 개화기길고 적갈색바탕에 백반있는 **배롱나무**

- **척박**지엔 **자귀나무 자기** 암기 TIP! ~ 척박해도 잘살자

- **흰색 꽃이** 피는 **일본목련**, 백합나무는 흰꽃 (×)

- **능소화**는 덩굴로 아름다운 여름 꽃

- 힘이 약해 연질지반 모래채취에 적합한 **드래그라인**

- 담장기초와 같이 길게 띠모양의 기초를 **연속기초**

- 동결심도 아래에 배수관 설치

- 산울타리전정 일반수종은 **장마와 가을 2회 실시**

- **배**나무의 붉은 별무늬병 겨울포자 중간기주는 **향**나무. 암기 TIP! 향배!

- 회색시멘트 벽돌 가운데 붉은 벽돌 - 더욱 선명 - **채도대비**

- 송시열의 별서정원은 **남간정사**

- 탑골공원 설계자 - **브라운**

- **창**덕궁엔 옥류**천** **청**의정 **초**정 있다! 암기 TIP! ㅊ ㅊ ㅊ ㅊ

- **야생동물** 서식처는 **식생분포**와 밀접관련

- 단면선은 굵은 실선, 〈**1점쇄선** - 경계선, **2점쇄선** - 가상선〉

- 각 공간 규모, 사용재료, 마감방법 제시 단계 - **기본설계**

- 실제 시공 가능하도록 도면 작성 - **기본설계**

    (상세도, 시방서, 공사비내역서 포함)

- A4 297 X 210   A3 420 X 297   A2 594 X 420

- 투시도 조감도는 **입체도면** (다이어그램 (×) 개략의도)

- **어린이공원** - 유치거리 250m, 면적 1500제곱미터 이상

  공원시설 부지면적은 전체의 60%이하

  경로당 설치 (×)

- 빛의 혼합 RGB빨초파 - 가법혼합 - 원래색보다 밝아짐 - 백색광

- 먼셀 10색 상환 - 빨주노연녹 청파남보자

  암기 TIP! 오늘 청 바지 빨 잘 받네, 파주 가서 노남 , 보연 이랑 녹자 도 같이 놀자!

  보색관계 : 청빨 / 파주 / 노남 / 보연 / 녹자

▣ 기출 스피드 암기노트 7

| 1 | 2 | 3 | 4 | 5 | 6 | 7 |

- **내수성**이 큰 순서 **페놀수지 > 요소수지 > 아교**

- 두께는 **15cm 미만**, 폭이 두께의 **3배이상**인 판모양석재 - **판석**

- 내구 연한이 짧은 **석회암**

- **콘크리트 혼화재 실리카흄 효과**

  ① 알칼리 골재반응억제   ② 내화학 약품성 향상   ③ 재료분리 저항성, 수밀성이 향상

  단위수량과 건조수축이 감소된다. (×)

  ❖실리카흄의 단점 : 단위수량 증가

- **목재**가 통상의 온도 습도에서 **함수율은 약 15%**

- **목재의 할렬**은 **건조응력**이 횡인장강도보다 **클 때 발생**

- **주목, 철쭉** 규격은 **H X W** 로 표시

- 우리나라 **들잔디**가 들어가기 가장 어려운 곳은 **골프장 그린**

- 골프장 그린에는 **벤트그라스**

- **르노르트르**가 **유학**하며 공부한 곳 - **이탈리아**

- 양수 암기

  암기 TIP! 포플러 튤립 쥐똥 향 층층(한데)

  포플러 플라타너스 튤립 쥐똥나무 향나무 층층나무

  암기 TIP! 측은(히) (얼굴) 붉히자

  측백나무 은행나무 붉나무 히말라야시다 자귀나무

  암기 TIP! 밤배벚삼오 무등산위 오이자주낙소

  밤나무 배롱나무 벚나무 삼나무 오동나무 무궁화 등나무 산수유 위성류

  오리나무 이팝나무 자작나무 주엽나무 낙엽송 소나무

- 자작나무 양수 / 개비자나무 음수

- 음수 : 극음수 - 암기 TIP! 독일회사 주식 나주개

  (독일가문비, 회양목, 사철나무, 주목, 식나무, 나한백, 주목, 개비자)

  음수 - 암기 TIP! 너도 전가문 녹칠 함단서

  (너도밤나무, 전나무, 가문비나무, 녹나무, 칠엽수, 함백, 단풍나무, 서어나무)

- 시멘트 안정성 시험은 **오토 클레이브**

- **골재 실적률**은 100 - 공극률(%)

- **표준형 벽돌 1.5B** (줄눈 10mm) **두께는 290mm** (190+10+90)

- 표준형 190 X 90 X 57 / 기준형 210 X 100 X 60

- 건물이나 **담장앞, 원로를 따라 길게** 만들어지는 화단은? 〈**경재화단**〉

- 토양의 입경조성에 따른 분류는? 〈**토성**〉

- 비탈면 안정효과 가장 큰 것은? 〈**1 : 1.5**〉

- **넓고 평탄한 지형**에 적합한 지하수배수 시스템? 〈**어골형, 평행형**〉

- 나무 원형의 특징을 살려 다듬는 것? 〈**조형을 목적으로 한 전정**〉

- 생울타리 전지전정 시 광선이 골고루 밑가지까지 비춰 건전하게 생육하는 생울타리 단면모양은 **삼각형**

- **생리조정**을 위한 가지다듬기는? **이식한 정원수**의 가지를 알맞게 잘라주었다.

- 수간에 약액 주입시 구멍 뚫는 각도는 **20~30도**

- 비료의 3요소 : 암기 TIP! **질인칼 NPK** 질소(N) 인(P) 칼륨(K) [칼슘(Ca) (×)]

- **식엽성해충** - 미국흰불나방, 솔나방, 텐트나방 (복숭아명나방: 열매(구과)를 가해)

- 다져진 잔디에 공기유통이 잘 되도록 **구멍뚫는 기계? 론스파이크(lawn spike)**

- **우리나라 들잔디**는 녹병 잘 발생, 깎는 높이는 2~3cm, 황금충류가 피해

- 일년생 광엽잡초, 비스듬히 땅을 기며 뿌리내리는 **사마귀풀**

- **잔디 땟장붙이기** 종류는 전면붙이기, 어긋나게 붙이기, 줄떼붙이기.

- **경사면**은 줄떼붙이기, 아래에서 위로

- 사자의 정원 - 묘지정원 - **이집트**

- 물체에 외력을 가한 후 **외력을 제거하면 원래로 돌아가는** 성질은? 〈탄성〉

- **아연**은 공기 수중 내식성 크다!

- 파이프, 튜브, 물통받이로 가장많이 사용되는 **열가소성수지**는? 〈염화비닐수지〉

- 방부력 우수 내습성 있고 값싸지만 나쁜 냄새, 외부만 사용하는 **방부제**는? 〈크레오소트〉

- 흙에 시멘트와 다목적 토양개량제를 섞어 표층과 기층을 겸하는 **간이포장재료**는? 〈카프〉

- 난대림 대표수종? 〈**녹나무**〉

- 정원 한구석 녹음수 단독식재? 〈**칠엽수**〉

- 목구조 보강철물은 **나사못 듀벨 꺾쇠** (고장력볼트 (×))

- 수확한 목재를 가해하는 **흰개미**

- **글라디올러스**는 여름에 꽃피는 알뿌리 화초

- **자작 분비 서어나무**는 나무줄기가 **흰색계열**이다.

- **주엽**나무 **습지** 좋아한다. 암기 TIP! 일산 호수공원 주엽동

- 도시의 소공원의 공원시설 부지면적 기준은? **100분의 20이하**

- 서오릉 왕릉과 단체이용객 구분위해 - **완충녹지 설정**

- 피서산장, 이화원, 원명원은 어느시대? 〈**청나라**〉

- 오방색 중 목(木) 동방. 양기 가장 강한 봄의 색, 인(仁)을 암시하는 것? **청(靑)**

- 현장사진은 설계도서에 포함 (×)

- **높이가 3m** 넘는 공동**계단**에는 **3m마다 너비 1.2m(120cm)**의 참을 둔다.

- 평판 측량 정치에서 오차에 가장 영향주는 것은? 〈**방향맞추기오차**〉

- **경관석의 배석**은 **차경의 정원**에 쓰면 유효하다.

- 평면기하학식 **프랑스**, 노단식(계단식) **이탈리아**

- 중정식 중세수도원 - **스페인**

- 영국 17C까지 **정형식**, 18C부터 **전원풍경식**

- 여름철 강한 햇빛 차단 목적 수종은? ⟨**녹음수**⟩

- **심재 색깔 짙고, 변재 연하다.**
    - ✓ 심재가 강도크고 수축변형에 강함
    - ✓ 변재는 수액통로, 양분저장소

- 겨울철 화단용은 **꽃양배추**

- **잔디**는 평면적 조경재료

- 이식에 적응 잘하는 **벽오동**

- **알루미늄**은 철보다 강도, 비중이 작고, 전기전도율, 팽창율은 높다.

- (중략) ~~재료표면에 피막형성 - ⟨**도료**⟩

- (중략) ~~유리화 될 때 까지 구워… 때리면 맑은 소리 - **〈자기〉**

- 석탄을 고온건조시켜 얻은 타르제품, 독성적고 자극적인 냄새가 나고 유성목재 방부제로 쓰이는 - **〈크레오소트유〉**

기출 스피드 암기노트 8

| 1 | 2 | 3 | 4 | 5 | 6 | 7 |

- 무로마치 시대는 고산수식 〈일본정원 순서 암기 : 암기 TIP! 회축평다축〉

  회유임천식 - **축**산고산수식 - **평**정고산수식 - **다**정식 - **축**경식

- 기건비중 큰 **갈참나무**

- 콘크리트 시험비빔 검토항목은 **비빔온도, 공기량, 회반죽**. 인장강도 (×)

- **후박나무**는 산울타리로 **부적합**

- **위성류**는 **활엽수**

- **교통동선**에는 우회 / 대로 / 격자형 (수평형 (×))

- 기준선은 가는실선 아니다.

- 1점쇄선 : **경**계선/**기**준선/**중**심선/**절**단선 암기 TIP! 1점내고 경기중 기절

- 가는실선 : **인**출선, **치**수선, **보**조선, **지**시선, **마**감선 암기 TIP! 인치는 보지마!

- 쉽게 눈에 띄는가 **유목성**

- 1975년 미국조경가협회에서 조경을 **새롭게 정의**

- 봄화단 알뿌리는 **수선화**

- 계절상관없고 시간 절약하는 **정원석 관리**

- **흙 > 섬유필터 > 잔자갈 > 유공관 순서** (호박돌 (×))

- **격리제**는 거푸집 상호간 **간격 정확히** 하는 것 (철근과 상관 (×))

- 일반 보통흙 안식각은 **30~35도**

- 대형수목 굴취운반에는 **블럭체인, 백호우, 크레인** (드래그라인 부적합 하천 연약지반 굴착)

- **맹아력 큰 느티나무 플라타너스** 큰 가지 잘라도 새로운 가지가 쑥쑥!

- 상렬 피해 **가장 적은** 소나무

- 잔디 깎은 것은 그대로 두지 않는다. (거름주는 효과로 웃자람)

- 소나무 순자르기는 **생장억제 목적**이다.

- 공업용지는 **보라색**

- **보크사이트**에서 추출했다. **알루미늄**

- **PCP** 가격비싸고 방부력우수

- 거친 질감 **칠엽수**

- 겨울철 흰 눈 배경 줄기감상한다 **흰말채나무**

- **무**궁화 **낙**엽송 해송은 양수　암기 TIP! 밤배벗삼오 **무** 등산위 오이자주 **낙** 소

- **식**나무는 음수 -　암기 TIP! 독일회사 주**식** 나주게 너도전가문 녹칠함단서

- **봄**에 피는 초화류　암기 TIP! 팬데금　팬지. 데이지. 금잔화 (봄가을 2번)

- **여름, 가을** 꽃　암기 TIP! 메채셀　메리골드, 채송화, 셀비어

- 땅속줄기 옆으로 뻗고 검은 줄기 짙어져~ **오죽**

- 임해공업의 공장조경에는 광나무

- 콘크리트 타설 후 **4주일 이후 강도 80%**

- **자연측구 호박돌**측구

- **질소 결핍**되면 생장불량, 황변 묵은 잎 된다.

- 양버즘나무는 **큰 가지 잘라도 훌륭한 새 가지 나온다.**

- **단풍, 배롱**은 겨울에 얼어터지므로 **수피 감아야 한다.**

- **천근성**이라 바람에 잘 넘어지고 수형미가 깨지는 〈**수양버들**〉

- **덧거름 속효성비료**는 4~6월에

- 한여름에 뿌리분 크게하고 잎은 모조리 따서 활착시키는 〈**단풍나무**〉

- 공해 저항성 강하고 맹아력 우수한 **이팝나무**(도심 가로수로 적합)

- **파고라**는 보행동선상에 배치한다.

- 배고니아는 **여러해살이**

- 흰꽃이 5~6월 가을 붉은 단풍 음지사발면 〈**국수나무**〉

- **주철**은 주조성 우수하다!

- **응애**는 침엽수에도 피해준다. (○)

- **가뭄**이 계속될 때는 잔디 **짧게 깎지 않는다.**

- **배합비**는 비파괴검사로 알 수 없다!

- **오동나무 탄저병**은 주로 묘목, 줄기, 잎에 발생

- **질소비료는 생장촉진** (개화 촉진 (×))

- **열경화성** : 페놀, 요소, 멜라민, 에폭시

- **열가소성** : 염화비닐, 폴리에틸렌, 아크릴

- **목재 방수처리방법** 초벌 후 퍼티 연마 재벌 정벌

- **느티나무**는 굵은 가지치기 안해도 되고 바람 피해 예방에 적합한 **심근성 수종**

- 고려시대 **만월대**

- 계성의 원야에서 기술한 차경수법 시선 높낮이의 관계 - **부차**

- 근대 도시공원계통 선구자는 찰스 엘리어트

- 알함브라 12마리 사자가 받치는 수반은 **비잔틴양식**

- 고려말 탁광무 전남 광주에 **경렴정 조성**

- 골프장 조성 18홀 중 **롱 홀은 4개정도** 만든다.

- 안개 많거나 밤에도 잘 보이는 조명색은 **노랑**

- **보행자 전용도로 경사로** 설치 시 장애인고려 **8% 초과금지**

- 같은 도면에서 2종류 이상 선 중복 시 **외형선이 우선**

- 고대 그리스 인체 황금비 기준점은 **배꼽**

- 평면도의 표제란에 **기관정보, 도면정보, 도면번호는 있고** 시공자 정보 없다.

- 달리는 차안에서 가로수를 볼 때 이동 없음을 알게하는 지각원리는 〈**위치 항상성**〉

- **얕은 기초**는 상부구조의 하중을 직접 지반에 전달하는 구조로

  깊이와 폭의 비는 1.0 이하 (깊이<폭)

- **군립공원**은 자연공원

- 조경은 주택정원 만을 꾸미는 것을 의미 (×)

- 어린이 공원의 공원시설 부지면적은 **60%**

- 조선시대 중엽이후 정원양식에 가장 큰 영향 미친 사상은 **〈음양오행설〉**

- 통일신라 문무왕 14년 중국의 무산12봉을 딴 산을 만들고 화초를 심었던 정원은 **안압지**

- **중국 쑤저우의 4대 명원** - 〈창사졸유〉 창랑정 사자림 졸정원 유원 (작원 (×))

- 일본정원 발달순서 - 침전식(헤이안) ⇨ 회유임천식(가마쿠라) ⇨ 축산고산수식(14C) ~ (무로마치 실정시대) ~ 평정고산수식(15C) ⇨ 다정식(16C모모야마)

- 우리나라 한대림 특징 수종 - **잎갈나무**

- 계단의 경사는 **30~35%** 넘지 않도록

- 계단의 높이를 h 너비를 b라고 했을 때 **2h + b = 60~65cm**

- 〈몰〉에는 **차량**이 들어갈 수 **있다.**

- **경복궁 교태전** 뒤에는 아미산, 화계, 굴뚝 6각형 4개

▣ 기출 스피드 암기노트 9

| 1 | 2 | 3 | 4 | 5 | 6 | 7 |

- **수피가 얼룩무늬인 것은?**

  ① 노각나무

  ② 모과나무

  ③ 배롱나무

  자귀나무 (×)

- **열매색이 적색 계열인 것은?**

  ① 주목

  ② 화살나무

  ③ 산딸나무

  굴거리나무 (×)

- 공사현장의 공사 기술관리 공사업무 시행에 관한 모든 사항을 처리하여야 할 사람은

  공사 현장대리인 (현장감독관 (×))

- **도급방식**은 경제적일 수 있으나 **부실시공 우려**가 있다.

- **직영공사**는 시간적 여유가 있을 때 **적합**

- **공동도급**은 이해 충돌 우려, 책임회피 우려, 현장관리 복잡

- 데밍관리 PDCA 계획 추진 검토 조치 Plan Do Check Action

- 토양공극률 공식 ⇨ (1-가비중 / 진비중) X 100(%)

  〈1 마이너스 가퍼진 X 100 (%)〉

  (예) 진비중 2.4 이고 가비중 1.2인 토양의 공극률을 구하시오.

      (1- 가비중 / 진비중) X 100

      1.2/2.4 = 0.5

      1 - 0.5 = 0.5

      0.5 X 100 = 50%

- 잔디깎기 목적 - 잡초방제, 이용편리, 병충해방지 (분얼억제 (×))

- 처사도 근간으로 은일사상 성행했던 시대는 조선시대

- 경북궁 교태전 아미산 6각형 굴뚝 문양

  사슴, 불가사리, 봉황, 학, 새, 박쥐, 매,송,국, 불로초, 바위

- 사군자 - 매난국죽 / 사절우 - 매송국죽

- 전통 연못에 삼신산 (봉래, 방장, 영주) 꾸며 신선사상 표현

- 거푸집에 쉽게 넣을 수 있고 ~~ 분리되거나 허물어지지 않는 굳지않는 콘크리트 성질은

  〈플라스티시티 Plasticity〉

- 전면배수 요구하지 않는 지역에 **등고선을 따라** 주관과 지관을 설치하는 배수법 **〈자유형〉**

- 기지점에 세운 표척 눈금 〈**후시**〉

- 추위에 의해 나무줄기 갈라지는 현상 〈**상렬**〉

- 목재는 **전건상태**에 가까워질수록 **강도가 커진다.**

- **인공토양은 버미큘라이트, 펄라이트, 피트모스, 화산재** (부엽토 (×))

- **연행공기**는 워커빌리티 개선, 골재량 많아지면 ⇨ **공기연행량 증가**

- 깨지거나 파괴하려는 힘에 대한 저항도 - 〈**인성**〉

- 〈**전성**〉은 얇게 펴지는 성질

- 과일나무 늙어서 꽃맺음 나빠져서 하는 전정 ⇨ **세력을 갱신**하는 전정

- **흰가루병 병환부에 미세한 흑색 알맹이**는 〈**자낭구**〉

- 대목을 대립종자의 **유경이나 유근을 사용**하여 접목하는 방법 〈**유대접**〉

- 곤충이 빛에 반응 이동하려는 습성 〈**주광성**〉

- **조선시대 별서정원**에 가장 큰영향 미친 것은 〈유교사상〉 (풍수지리 (×), 신선사상 (×))

- 휴먼스케일로 보기 어려운 경관은 **지형경관**

- 캔터키블루, 벤트그래스, 톨훼스큐는 **한지형**

- 버뮤다그래스는 **난지형**

- **주차장 기준** (단, 평행주차 외 장애인 전용방식이다.)

  3.3m X 5.0m 이상   (cf) 일반형 : 2.3m X 5.0m 이상

- 거푸집 측압증가 요인 (측압 : 거푸집을 밀어내는 힘)

  - 슬럼프 클수록,

  - 시공연도 좋을수록 측압 크다.

  - 붓기(타설) 속도 빠를수록,

  - 다짐 많을수록 측압 크다.

  - 수직부재가 수평부재보다 측압 크다.

  - 경화속도 빠를수록 측압 작다.

  - 부배합일수록 증가 (빈배합 (×))

- **미기후**에 대해

  - 서리안개 태양복사열 포함 된다. (○)

  - 건축물은 미기후에 영향을 미친다. (○)

  - 야간에 언덕보다 골짜기가 온도 낮고, 습도 높다. (○)

  - 계곡 맨 아래쪽은 비교적 주택지로 적합하지 않다. (○)

- **18C 영국 자연풍경식**

  - **브리지맨** : 스토우 가든 HA-HA (하-하) 수법

  - **윌리엄 켄트** : 자연은 직선을 싫어한다. 정형식 비판

  - **험프리 랩턴** : 사실주의 자연풍경식 Red Book, 정원사 용어

  - **챔버** : 풍경식에 중국적 취향 가미 - 큐가든

- 무리지어 나는 철새, 설경 또는 수면에 투영된 영상 〈일시경관〉

- 기본계획 수립 시 도면으로 표현되는 작업은

  동선계획, 식재계획, 시설물배치계획 (집행계획 (×))

- 근린생활권 근린공원   500m이내 / 1만제곱미터이상

  도보권 근린공원   1km이하 / 3만제곱미터이상   시설설치면적

  도시지역권 근린공원   제한 (×) / 10만제곱미터이상   40% 이하

  광역권 근린공원   제한 (×) / 100만제곱미터이상

- 청나라 대표 정원

  이화원 이궁, 원명원 이궁, 승덕피서산장

  〈창랑정 - 송나라〉, 〈사자림 - 원나라〉, 〈졸정원, 유원 - 명나라〉

- **징검돌, 물통, 세수통, 석등** >> 일본의 정원 양식 >> **다정원**

- 석회 점토 시멘트는 미장재료 OK (견치석 (×))

- 시멘트 제조시 응결시간 조절위해 ⇨ 석고첨가

- 알루미늄은 열전도율 높고, 비중 2.7 전성, 연성 풍부

  but 산, 알칼리에 약하다.

- 비탈면 교목식재 시 기울기는 1 : 3 보다 완만해야 함

- 수목 식재 후 관리사항으로 전정, 지주세우기, 가지치기 있지만 뿌리돌림 필요 없다.

- 기식화단, 경재화단, 노단화단은 **입체화단** / 화문화단은 **평면화단**

- 수목 또는 경사면 등의 주위 경관 요소들에 의하여 자연스럽게 둘러싸여 있는 경관 ⇨ **위요경관**

- 도시기본구상도의 표시기준 노란색은 주거용지

- 콘크리트 굳은 후 거푸집 판을 **콘크리트** 면에서 잘 떨어지게 하기위해 칠하는 기름 성분은 **박리제** (격리제 (×))

- **메소포타미아**의 대표적인 정원은 **바빌론의 공중정원**

- **높은 지각 강도** 사선, 따뜻한 색채, 동적인 상태, 거친 질감

- **낮은 지각 강도** 수평선, 차가운 색채, 고정된 상태, 섬세 부드러운 질감

- 사문암은 변성암 〈**변편대사문**〉

- **콘크리트**는 암축강도 크다!

- 목재수분을 공기중에서 제거한 상태의 비중 **기건비중**

- **근원직경** 측정은 **윤척**!

- **수고와 경사도**는 **순또측고기**

- 자작나무과 **단목은 박달나무**

- 석재 **마모 저항성** 측정은 **데발시험기**

- 석재 비중 공식 [건 / 표 - 수] 건퍼표-수

  = 건조무게 / 표면건조포화상태 - 수중무게

- 중정(patio)식 정원의 가장 대표적인 특징은 **색채타일**

- 16세기 **무굴제국의 인도정원 타지마할**

- 이탈리아의 **노단 건축식** 정원, 프랑스의 **평면기하학식** 정원 등은 자연 환경 요인 중 **지형**의 영향 가장 크게 받았다.

- 조선시대 궁궐이나 상류주택 정원에 독특하게 발달한 공간은 〈**후정**〉

- 영국 튜터왕조, 낮게 깎은 회양목 기하학적 문양으로 구획 짓는 화단 〈**매듭화단**〉

- **좁은 의미의 조경** : 식재를 중심으로 한 전통적인 조경기술로 **정원을 만드는 일만을 말함**

- **생울타리 관목**의 식재 간격은 **0.25 ~ 0.75m**

- 초화면~(중략)~ 섬유계 유도체 주성분~~고급도료, 도막얇고 부착력 약한 ⇨ **래커**

- 배롱나무 = 자미   동백 = 산다   백목련 = 옥란   연 = 부거

- 공해에 약한 나무

  암기 TIP! 삼소전자 느티독

  삼나무, **소**나무, **전**나무, **자**작나무, **느티**나무, **독**일가문비

- 공해에 강한 나무

  암기 TIP! 플후가시 은사벽

  플라타너스(버즘나무), **후**박나무, **가시**나무, **은**행나무, **사**철나무, **벽**오동

▣ 기출 스피드 암기노트 10

| 1 | | 2 | | 3 | | 4 | | 5 | | 6 | | 7 | |

- **공원식재 지피식물의 조건**

  관리 용이, 병충해 잘 견디고, 적응력 강하고 번식력 왕성 (듬성듬성 피복 (×))

- 줄기가 아래로 늘어지는 수간을 가진 나무 모양을 **현애**

- **종자로 번식**하는 잡초 – 피

- 한발(가뭄) 계속될 때 **짚깔기나 물주기** 제일 먼저 해야 할 **낙우송**

- 어린나무 피해 거의 없고~피해방향 남쪽 남서쪽~~북측은 피해없다~ 볕데기 (피소)

- 눈주목은 **음수(陰樹)**

- **가죽나무** >> 쓴맛나서 나물 (×) >> **소태나무과**

- 고로쇠나무와 복자기 (단풍과 복고단풍) 열매는 시과다. (○)

  시과(翅果) : 씨방의 벽이 늘어나 날개모양으로 달려 있는 열매

  (기출 : 두 수종은 모두 단풍색이 붉은색이다. (×))

- **흰말채나무의 특징 설명**

  ① 층층나무과로 낙엽활엽관목 (○)

  ② 잎은 대생, 타원형, 표면에 작은 털, 뒷면은 흰색 (○)

  ③ 수피 : 여름엔 녹색, 가을-겨울엔 붉은색 (○)

  ④ 노란색의 열매가 특징 (×)

- **수목식재에 가장 적합한 토양의 구성비는?**

  (토양 : 수분 : 공기) 50% : 25% : 25%

- **차량 통행이 많은 지역의 가로수?**

  ① 은행나무 OK ② 층층나무 OK ③ 양버즘나무 OK (단풍나무 (×))

- **지주목 설치 시 주의사항**

  ① 수피와 지주가 닿은 부분은 보호조치를 취한다. (○)

  ② 지주목을 설치할 때에는 풍향과 지형 등을 고려한다. (○)

  ③ 대형목이나 경관상 중요한 곳에는 당김줄형을 설치한다. (○)

     (but 지주는 뿌리 속에 박아 넣어 견고히 고정되도록 한다. (×))

- **환경생태복원 녹화공사**

  ① 비탈면녹화공사

  ② 옥상 및 벽체녹화공사

  ③ 자연하천 및 저수지공사

     (분수공사 (×))

- **수목의 가식 장소**로 적합한 곳은? **그늘지고 배수가 잘 되는 곳** (O)
  차량출입이 어려운 한적한 곳 (×) 햇빛이 잘 들고 점질 토양 (×)

- 수목의 잎 조직 중 **가스교환**을 주로 하는 곳 〈**기공**〉

- **울타리**가 **적극적 침입방지** 기능하려면 최소 **1.5m이상**

- **지반보다 낮은 곳** 굴착 Drag Shovel - **백호우** (높은 곳 - 파워쇼벨)

- 조감도는 **소점 3개**

- **벽면녹화 옥상정원** 등은 **소규모 비오톱**이라 볼 수 있다. (O)

- 고속도로 **시선유도 식재** 목적 - **전방도로형태**를 알려준다. (O)

- $Ca(OH)_2 + CO_2 \Rightarrow CaCO_3 + H_2O$ 콘크리트 중성화 화학식

- 용적이 1m3 중량이 1,200kg인 시멘트는 몇 포대? **30포대**

- **중국정원**에 가장 영향을 많이 미친 사상은 **신선사상**

- 서양식 전각과 서양식 정원 조성 - 덕수궁

- 중국소주, 화려한 건축물, 허와 실 명암대비, 유기적 배치 - **유원**

- 인도무굴제국, 12단 테라스, 케스케이드, 차경의 정원 - **니샤트바그**

- 강릉선교장 방지방도 조성된 연못의 정자 - **활래정**

- **옴스테드(Olmsted)** - 센트럴파크(Central Park)

- **팩스턴(Paxton)** - 크리스탈 팰리스(Crystal Palace)

- **미켈로치(Michelozzi)** - 빌라 메디치(Villa Medici)

- **브릿지맨(Bridgeman)** - 스토우가든(Stowe Gargen)

- 미국 개척으로 유럽 사유지 중심 정원양식이 공공적인 성격으로 전환되는 계기

  ⇨ **영국리버풀 버컨헤드 공원**1843 (팩스턴) (미국 옴스테드에 영향)

- 시설지역 내부 포장지역에도 (   )를 이용 낙엽성 교목식재 여름에도 그늘을 만들 수 있다.

  - **수목보호대**

- 기존의 레크레이션 기회에 참여 또는 소비 하고있는 수요 - **표출수요**

- 기초 자료 수집 정리 및 여러 조건 분석, 통합 - **현황분석 및 종합 단계**

- 좌우로 시선이 제한되어 일정한 지점으로 시선이 모이도록 구성 ⇨ **통경선(Vista)**

- 레미콘 규격이 25 - 210 - 12로 표시되어 있다면   암기 TIP! 골 - 압 - 슬

  골재최대치수 - **압**축강도 - **슬**럼프 순서

- 인공 폭포, 수목 보호판 제작용 - 유리섬유강화플라스틱 (FRP)

- 알루미나 시멘트의 최대 특징 - 조기강도가 크다.

- 다음 중 목재의 장점에 해당하지 않는 것은?

  ① 가볍다.

  ② 무늬가 아름답다.

  ③ 열전도율이 낮다.

  ④ **습기를 흡수하면 변형이 잘 된다. (×)**

- **구리**에 **아연**을 첨가 합금 >>>> **황**동   암기 TIP! 꾸아황

- **구리**에 **주석**을 첨가 합금 >>>> **청**동   암기 TIP! 꾸주청

- 조경시설 소재 중 (중략) ~~~ 녹화공사, 호안공사, 제방, 법면~(중략) 코코넛 열매를 원료로 한 천연섬유 재료 ⇨ 코이어 메시

- **철근콘크리트**가 무근콘크리트보다 유지관리비가 적게 소요된다.

- 전나무 수형은 원추형

- 『Syringa oblata var.dilatata』 수수꽃다리 (라일락)

- 인동덩굴 줄기는 오른쪽으로 감아 올라간다.

- 팥배나무 꽃은 흰색이다.

- 골담초는 생장이 빠르다.

- 방풍림엔 팽나무, 녹나무, 느티나무 (심근성)

- 이식 어려운 일본잎갈나무

- 철쭉, 개나리 등 화목류 전정은 꽃이 진 후에 실시

- 분제(粉劑, dusts) 농약은 작물에 대한 고착성이 나쁘다.

- 수목식재 후 물집 크기는 근원 직경의 5~6배

- 천적 이용해 해충을 방제하는 생물적 방제

- 나뭇가지 기생 국부적 이상 비대~참나무류 피해 大 - 겨우살이

- **곰팡이 직접침입**은 **흡기, 세포간 균사로** 침입 (피목침입 (×))

- 조경공사 시 돌쌓기는 **와이어로프**가 적합 (철망 (×))

- 조경시설물 유지관리에 제초 전정 포함 (×)

- 유공관의 평균깊이는 **1m** 이내로

- 수준측량에서 표고는 기준면으로부터 연직거리 (수평면 (×) 지평면 (×) 해면 (×))

- 정원과 외부사이 수로를 파 경계하는 기법 – 하하(Ha-ha) 기법

- 예불기(예취기)의 작업자 상호 간 **최소 안전거리 – 10m**

- **스페인 정원** – 기하학적 터 가르기, 색채타일, 안달루시아 (규모 웅장 (×))

- 고대 이집트의 대표적인 정원수(녹음수)는 **시카모어**

- 주택정원 거실 앞쪽에 위치한 뜰로 옥외생활을 즐길 수 있는 공간 **안뜰**

- 도시공원 입장료 징수, 허가없이 시설물 설치 – 1년 이하 징역 또는 1천만원 이하 벌금

- 먼셀 기본 5 색상 – **빨강, 노랑, 초록, 파랑, 보라**

- 풍토색은 **기후와 토지의 색, 즉 지역의 태양빛, 흙의 색** 등을 의미한다. (○)

  (건축물, 도로환경, 옥외광고물 등의 특징을 갖고 있다. (×))

- 갈라진 목재 **틈을 매우는** 실링제는 **퍼티**

- 콘크리트 다지기 내부 진동기를 찔러 넣는 간격은 50cm 이하

- 시멘트 풍화하면 강열감량(1000도 60분 감소량)이 증가

- 아황산가스에 약한 **고로쇠나무**

- 내염성 큰 **사철나무**

- 내염성 **약한 낙엽송 일본목련**

- 단풍나무과(科) 신나무 복자기 고로쇠나무 (소사나무 (×))

- 화단에 심겨지는 초화류 가지수, 꽃 많아야~

- **귀룽나무** 꽃과 열매는 백색계열이다. (×) **(열매흑색 bird cherry)**

- **관수를 하면** 지표와 공중의 습도가 높아져 **증발량이 감소한다.**

- **최신빈출** **발해 상류층 정원에 대량으로 식재했던 식물: 모란**

- **우드칩 멀칭의 효과** - 미관효과, 잡초억제, 토양개량 (배수억제 (×))

- **수목의 외과수술 순서** 암기 TIP! **부살방동방표수**

  부패부제거 - 가장자리 형성층 노출 - **살**균(소독) 및 **방**부처리 - 공**동**충전 - **방**수처리 - **표**면경화 - **수**지처리

- 잔디 상토 소독에는 메틸브로마이드

- 농약 문제 무조건 맞추자!

  ✓ 약량 구하기 (약량 = 물/배수) 물퍼배수

  ✓ 물양 구하기 (물양 = 약량 X 배수)

  ✓ 배수 구하기 ((찐한농도 / 연한농도)-1)

  ✓ 마지막에 **비중 곱해준다.** (비중1이 아닐경우)

- 비중이 1.15인 이소푸로치오란 유제(50%) 100ml로 0.05% 살포액을 제조하는데 필요한 **물의 양**은?

  [약량 = 물 / 배수] [물 = 약량 X 배수]

  배수는 찐한 놈 / 연한놈 (-1)

  50% / 0.05%

  배수 = 약1000

  물 L = 약량 0.1L X 1000배 = 100 L

  마지막에 비중 곱한다.

  100L X 비중 1.15

  =115 L

조경기능사

벼락치기 기출 스피드 문답암기 핵심노트

기출스피드 문답 암기 핵심노트 Part 1

스피드 암기노트와 문답암기 핵심노트 200% 활용법

- 유튜브 채널 파이팅혼공TV 조경기능사 필기 영상을 재생하여 들으면서, 동시에 체크해 나가신다면 훨씬 빠르고 효율적으로 공부하실 수 있습니다.
- 시험이 임박할수록 공부범위를 줄이고 반복횟수는 늘려서 합격에 필수적인 암기량을 확보해야 합니다.

❖ 1회독을 하실 때마다 체크박스에 체크를 하셔서 공부량을 누적해 보세요!

▣ 300제 Part 1

| 1 | 2 | 3 | 4 | 5 | 6 | 7 |

001
민가의 안마당에는 교목류를 식재하지 않는다.(O)

002
보행자 2인 나란히 통행하는 원로의 폭
▶ 1.5~2m

003
눈가림수법
▶ 좁은 정원을 넓어보이게 한다.(O)

해 좁은 정원에서는 눈가림 수법을 쓰지 않는 것이 정원을 더 넓어 보이게 한다. (×)

004
피아노의 리듬에 맞추어 움직이는 분수를 계획할 때 강조해야 할 경관 구성 원리는
▶ 율동

005

임해전이 주로 직선으로 된 연못의 서(W)고에 남북축선상에 배치되어 있고, 연못 내 돌을 쌓아 **무산 12봉을 본뜬 석가산**을 조성한 **통일신라시대**에 건립된 조경유적은?
▶ 안압지

006

"**자연은 직선을 싫어한다.**" 영국의 낭만주의 조경가
▶ 켄트

007

중국식 정원은 **풍경식**으로 **대비**에 중점을 두었다. (○)

008

계획 구역 내에 **거주하고 있는 사람과 이용자를 이해**하는데 목적이 있는 분석 방법
▶ 인문환경분석

009

중국 정원 중 가장 오래된 수련원은
▶ 상림원(上林苑)

010

일위대가표 작성의 기초가 되는 것
▶ 품셈

011

중세 수도원의 전형적인 정원으로 **예배실**을 비롯한 교단의 **공공건물로 둘러싸인 네모난 공지**
▶ 클라우스트룸 (Claustrum)

012

영구위조(永久萎凋) 시의 **토양의 수분 함량**은 **모래**(砂土)의 경우 몇 %인가?
▶ 2~3%

013

자연 환경 분석 중 **자연 형성 과정을 파악** 위해 실시하는 분석 내용으로는?
▶ 지형, 수문, 야생동물 (○)
　(토지이용 (×))

014

서양 잔디는?
① 상록성인 것도 있다.
② 그늘에서도 비교적 잘 견딘다.
③ 일반적으로 씨뿌림으로 시공한다.
(대부분 숙근성 다년초로 병충해에 강하다. (×))

015

산울타리용 나무?
① 탱자나무
② 꽝꽝나무
③ 측백나무
(후박나무는 산울타리 부적합!)

016

목재의 옹이?
① **목재강도를 감소**시키는 가장 흔한 결점이다.
② **죽은 옹이**가 산 옹이 보다 기계적 성질에 미치는 영향이 적다.
③ 옹이가 한 곳에 많이 모인 **집중옹이**가 강도 감소 더욱 크다.
(옹이가 있으면 인장강도는 증가한다. (×))

017

단풍의 색깔이 선명하게 드는 환경
▶ 가을의 맑은 날이 계속되고 밤, 낮의 기온 차가 클 때

018

석회암이 변화되어 결정화한 것으로 석질이 치밀하고 견고할 뿐 아니라 **외관이 미려하여 실내 장식재 또는 조각재료**로 사용되는 것은?
▶ 대리석

019

조경용 적재 중 **압축강도**가 가장 큰 것은?
① 화강암
② 응회암
③ 안산암
④ 사문암

020

다음 조경재료 중에서 자연재료가 아닌 것은?
① 자연적
② 초화류
③ 지피식물
④ 식생매트

021

나무 높이나 나무고유의 모양에 따른 분류가 아닌 것은?
① 교복
② 활엽수
③ 덩굴성 수목(만경목)
④ 상록수

022

척박지에서도 잘 자라는 수종은?
① 팽나무
② 가시나무
③ 졸참나무
④ 피나무

023

단위잔골재량이 많으면, **연행공기량**은 **증가**한다. (O)

단위잔골재량이 많으면, **연행공기량**은 **감소**한다. (×)

024

자연토양을 사용한 인공지반에 식재된 **대관목**의 생육에 필요한 최소 식재토심은?
▶ 45cm

	자연토	인공토
잔디 초화류	15	10
소관목	30	20
대관목	45	30
천근성 교목	60	40
심근성 교목	90	60

025

바탕재료 부식 방지하고 **아름다움 증대**시키기 위한 목적으로 사용하는 **도막형성 도료**는?
▶ 바니시

026

습지를 좋아하는 수종?
▶ 낙우송

027
옥외 퍼걸러의 들보와 도리를 만들고자 할 때 가장 적당한 목재는?
▶ 밤나무
(라왕 (×) 현사시나무 (×) 버즘나무 (×))

028
플라스틱의 장점
① 가공이 우수하다.
② 경량 및 착색이 용이하다.
③ 내수 및 내식성이 강하다.
(전기 절연성이 없다. (×))

029
어린이 운동 시설로서 **모래터의 깊이**는
▶ 30cm 이상

030
곰팡이가 식물에 침입하는 방법 중 **직접침입 아닌 것**
- 흡기로 침입 / 세포간 균사로 침입
- 흡기를 가진 세포간 균사로 침입
(피목침입은 자연개구부 침입)
[직접침입]

031
흰가루병의 병환부에 흰가루가 섞여서 생기는 **미세한 흑색의 알맹이**는?
▶ 자낭구(子囊球)

032
일년생 광엽 잡초, 논 잡초로 많이 발생할 경우는 **기계수확이 곤란하고 줄기기부가 비스듬히 땅을 기며 뿌리가 내리는** 잡초는?
▶ 사마귀풀

033
일반적으로 **상단이 좁고, 하단이 넓은 형태로 3m 내외의 낮은 옹벽**에 많이 쓰이는 것은?
▶ 중력식 옹벽

034
병 발생 3가지 요인을 정량화한 **병삼각형의 3요소**는?
▶ 병원체 환경 기주 (저항성 (×))

035

전정 뒤 **수분증발**, **병균 침입** 막기 위해 상처부위에 **도포**!
▶ 톱신페이스트

036

파이토플라스마에 의한 수목 병은?
▶ 뽕나무오갈병

037

크고 작은 **돌을 자연 그대로의 상태**가 되도록 **쌓아 올리는 방법**을 무엇이라 하는가?
▶ 자연적 무너짐 쌓기

038

진딧물, 깍지벌레와 관계가 가장 깊은 병은?
▶ 그을음병

039

잎이나 가지에 붙어 **즙액을 빨아먹어 황변**, 그 **을음병을 유발**, 감나무, 동백나무, 호랑가시나무, 사철나무, 치자나무 공통으로 발생하기 쉬운 충해는?
▶ 깍지벌레

040

주로 **종자**에 의하여 **번식**되는 잡초는?
▶ 피

041

다음 중에서 **경사도가 가장 완만**한 것은?
① 1 : 1
② 1 : 2
③ 45%
④ 50°

경사도
직나평
직대평

042

미국흰불나방 구제에 가장 효과가 좋은 것은?
▶ 카바릴수화제(세빈)

043
벽돌 벽을 하루에 쌓을 수 있는 최대 높이는
▶ 1.5m 이하

044
땅깎기 할 때 단단한 바위의 경우 비탈면의 알맞은 기울기는?
▶ 1:0.3~1:0.8

045
수목의 생리상 이식시기로 가장 적당한 시기는
▶ 뿌리 활동이 시작되기 직전
(새 잎이 나온 후 (×) 뿌리 활동이 시작된 후 (×) 한창 생장이 왕성한 때 (×))

046
우리나라에서 발생하는 수목의 녹병 중 기주교대를 하는 것!
▶ 소나무 잎녹병 버드나무 잎녹병
오리나무 잎녹병
(후박나무 녹병 (×))

047
접붙이기 번식을 하는 목적으로
✓ 씨뿌림으로는 품종이 지니고 있는 고유의 특징을 계승시킬 수 없는 수목의 증식에 이용된다.
✓ 가지가 쇠약해지거나 말라 죽은 경우 이것을 보태주거나 또는 힘을 회복시키기 위해서 이용된다.
✓ 종자가 없고 꺾꽂이로도 뿌리 내리지 못하는 수목의 증식에 이용된다.
(바탕나무의 특성보다 우수한 품종을 개발하기 위해 이용된다. (×))

048
영국인 Brown의 지도하에 덕수궁 석조전 앞뜰에 조성된 정원 양식과 관계되는 것은?
▶ 보르비콩트 정원

049
프레드릭 로 옴스테드가 도시 한복판에 근대공원의 면모를 갖추어 만든 최초의 공원은?
▶ 뉴욕의 센트럴 파크

기출스피드 문답 암기 핵심노트 Part 2

▣ 300제 Part 2

| 1 | | 2 | | 3 | | 4 | | 5 | | 6 | | 7 | |

001
주로 **한국 잔디류**에 가장 많이 발생하는 병은?
▶ 녹병

002
토공사(정지) 작업 시 **일정한 장소에 흙을 쌓는 일**을 무엇이라 하는가?
▶ 성토

003
진비중이 2.6이고, **가비중이 1.2**인 토양의 **공극율**은 약 얼마인가?
▶ 53.8%

실적율

공극율 공식 = 1 - 가/진
실적율 = 가비중/진비중 = 1.2/2.6 = 0.46
1-0.46 = 0.54

004
수목 생육기 중 **깍지벌레** 구제 농약으로 가장 적당한 것은?
▶ 메치온 유제(수프라사이드)

005
거푸집을 가장 늦게 떼어 내어야 할 곳은?
① 측면
② 기둥류
③ 보아치

006
디딤돌로 이용할 돌의 두께로 가장 적당한 것은?
▶ 10~20cm

007

여름철에 모래터 위에 강한 햇빛을 차단하여 그늘을 만들기 위해 식재하는 녹음용수로 가장 적합한 수종은?

① 버즘나무
② 잣나무
③ 후피향나무
④ 수양버들

008

다음 중 **순공사원가**에 속하지 **않는 것**은?

① 재료비
② 경비
③ 노무비
④ 일반관리비

009

수목을 이식하려고 **굴취** 할 경우에 **뿌리분의 크기**는 어느 정도가 가장 적합한가?

▶ 근원직경의 4배

010

일반적인 조경관리에 해당되지 **않는 것**은?

① 이용관리
② 유지관리
③ 운영관리
④ 생산관리

011

벽천을 구성하고 있는 요소의 명칭이라고 할 수 **없는 것**은?

① 벽체
② 토수구
③ 수반
④ 낙수받이

012

시공관리의 4대 목표를 구성하는 요소가 아닌 것은?

① 원가
② 안전
③ 관리
④ 공정

공원품안에 시공관리

013

우리나라에서 **1929년 서울의 비원(秘苑)과 전남 목포지방**에서 처음 발견된 해충으로 **솔잎 기부에 충영**을 형성하고 그 안에서 흡즙해 소나무에 피해를 주는 해충은?

▶ 솔잎혹파리

014

계단의 설계 기준을 h(단 높이)와 b(단 너비)로 바르게 나타낸 것은?

① h+b=60~65cm
② h+26 60~65cm
③ **2h+b=60~65cm**
④ 2+2b=60~65cm

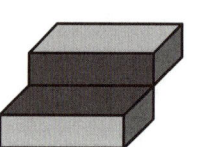

015

물 200L를 가지고 **제초제 1000배액**을 만들 경우 필요한 약량은 몇 mL인가?

▶ 200ml

약량 = 물 / 배수
= 200,000ml / 1000배

016

이식할 수목의 **가식장소와 그 방법**의 설명으로 **틀린 것은?**

① 나무가 쓰러지지 않도록 세우고 뿌리분에 흙을 덮는다.
② 공사의 지장이 없는 곳에 감독관의 지시에 따라 가식 장소를 정한다.
③ 필요한 경우 관수시설 및 수목 보양시설을 갖춘다.
④ 그늘지고 점토질 성분이 풍부한 토양을 선택한다.

017

식물의 아래 잎에서 **황화현상**이 일어나고 심하면 잎 전면에 나타나며, 잎이 작지만 **잎수가 감소**하며, 초본류의 초장이 작아지고 **조기낙엽**이 **비료 결핍의 원인**이라면 어느 비료 요소와 관련된 설명인가?

▶ N(질소)

018

콘크리트 공사 시의 **슬럼프 시험**은 무엇을 측정하기 위한 것인가?

▶ 반죽질기(Consistency)

019

좁은 정원에 식재된 나무가 **필요 이상으로 커지지 않게** 하기 위하여 녹음수를 **전정**하는 것은?

① 갱신을 위한 전정
② 생장을 돕기 위한 전정
③ 생장을 억제하는 전정
④ 생리 조정을 위한 전정

020

다음 중 **루비깍지벌레**의 구제에 가장 효과적인 농약은?

① 메타유제(메타시스톡스)
② 티디폰수화제(바라톡)
③ 디프수화제(디프록스)
④ 메치온유제(수프라사이드)

> 솔잎혹파리 및 껍질깍지벌레
> 포스파미돈

021

다음 수종 중 **양수**에 속하는 것은?

① 백목련
② 후박나무
③ 팔손이
④ 전나무

022

다음 중 **양수**에 해당하는 낙엽관목 수종은?

① 녹나무
② 무궁화
③ 독일가문비
④ 주목

양수 암기

포플러 튤립 쥐똥 향 층층(한데)
측은(히) (얼굴) 붉히자
밤배벚삼오 무등산위 오이자주낙소

- **포**플러나무, **플**라타너스, **튤**립, **쥐똥**나무, **향**나무, **층층**나무, **측**백나무, **은**행나무, **붉**나무, **히**말라야시다, **자**귀나무, **밤**나무, **배**롱나무, **벚**나무, **삼**나무, **오**동나무, **무**궁화, **등**, 산수유, **위**성류, **오**리나무, **이**팝나무, **자**작나무, **주**엽나무, **낙**엽송, **소**나무

음흉한 사돈팔촌

음수 암기

독일회사 주식 팔후 나주개
너도 전가문 녹칠 함단서

- **독일**가문비, **회**양목, **사**철나무, **주목**, **식**나무, **팔**손이, **후**박나무, **나**한백, **주목**, **개**비자, **너도**밤나무, **전**나무, **가문**비나무, **녹**나무, **칠**엽수, **함**백, **단**풍나무, **서**어나무

023

해사 중 **염분이 허용한도를 넘을 때 철근콘크리트의 조치방안**은?

① 아연도금 철근을 사용한다.
② 방청제를 사용하여 철근의 부식을 방지한다.
③ 살수 또는 침수법을 통하여 염분을 제거한다.
 (단위시멘트량이 적은 빈배합으로 하여 염분과의 반응성을 줄인다. (×))

024

목재 건조 방법. **자연건조법과 인공건조법**으로 구분. 다음 중 **인공건조법이 아닌 것**은?

① 훈연 건조법
② 고주파 건조법
③ 증기법
④ 침수법

025

수분 요구도가 낮아 건조지에 가장 잘 견디는 것은?

① 낙우송
② 물푸레나무
③ 대추나무
④ 가중나무

026

초기 강도가 매우 크고 해수 및 기타 **화학적 저항성이 크며** 열분해 온도가 높아 **내화용 콘크리트에 적합**한 시멘트는?

▶ 알루미나 시멘트

027

바다를 매립한 공업단지에서 **토양의 염분함량이 많을 때 토양 염분을 몇 % 이하로 용탈시킨 다음 식재**하는가?

▶ 0.02%

028

복수초(Adonis amurensis Regel & Radde)에 대한 설명으로 틀린 것은?

① 여러해살이풀이다.
② 꽃색은 황색이다.
③ 실생개체의 경우 1년 후 개화한다.
④ 우리나라에는 1속 1종이 난다.

해 복수초의 실생개체는 5~6년 후 개화한다.

029

도료(塗料) 중 **바니쉬와 페인트**의 근본적인 차이점은?

▶ 안료(顔料)

030

구근초화로서 봄심기를 하는 초화는?

① 맨드라미
② 봉선화
③ 달리아
④ 매리골드

031

석질이 치밀하고 경질이어서 **내구성과 내화성이 좋으므로 가장 보편적**으로 많이 사용하는 석재는?

▶ 화강암

032

낙엽활엽교목으로 부채꼴형 수형이며, **야합수(夜合樹)**라 불리기도 하며, **여름에 피는 꽃은 분홍색으로 화려**하며, **천근성** 수종으로 **이식에 어려움**이 있는 수종은?

▶ 자귀나무

033

줄기 색이 아름다워 관상가치 있는 수목들 중 줄기 색계열과 그 연결이 **옳지 않은 것**은?

① 청록색계의 수복 : 식나무(Aucuba japonica)
② 갈색계의 수목 : 편백(Chamaecyparis obtusa)
③ 적갈색계의 수목 : 서어나무(Carpinus laxiflora)
④ 백색계의 수목 : 백송(Pinus bungeana)

해 서어나무는 백색계의 줄기

034

목재의 **두께가 7.5cm 미만에 폭이 두께의 4배 이상**인 제재목은?

▶ 판재 (각재 (×) 원목 (×) 합판 (×))

035

빨간색의 열매를 볼 수 없는 수목은?

① 은행나무
② 남천
③ 피라칸다
④ 자금우(천냥금)

036

원명원이궁과 만수산이궁은 어느 시대의 대표적 정원인가?

▶ 청나라

037

레크리에이션 계획에 있어서 **과거의 참가 사례**를 토대로 **미래의 참여 기회를 유추**하여 계획하는 접근 방법은?

▶ 활동접근방법

🅗 비교 : 행태접근방법
(이용자의 구체적 행동패턴, 선호도, 만족도 파악)

038

다음 중 **스페인정원**과 가장 관련이 **적은 것**은?
① 분수
② 색채타일
③ **비스타**
④ 발코니

039

도시 **내부와 외부의 관련이 매우 좋으며, 재난 시 시민들의 빠른 대피**에 큰 효과를 발휘하는 녹지 형태는?

▶ 방사식

040

조경에서 **점을 취급할 때 짜임새 구성 요소**로서 이용되는 것이 아닌 것은?
① 대비
② 균형
③ 강조
④ 분할

041

주 보행도로로 이용되는 **보행공간의 포장 재료**로 부적합한 것은?
① 변화가 적은 재료
② 질감이 좋은 재료
③ 밝은색의 재료
④ **질감이 거친 재료**

042

다음 조경미의 요소 중 **축(axis)에 대한 설명**으로 가장 거리가 **먼 것**은?
① 축선 위에는 원로, 캐널, 케스케이드, 병목 등을 설치해서 강조하고 있다.
② 축의 교점에는 분수, 못, 조각상 등을 설치하는 것이 효과적이다.
③ 축을 사용한 전형적인 예는 프랑스 베르사유 궁전이 있다.
④ **축선은 1개 일 때 그 효과가 커서 되도록 2개 이상은 쓰지 않는다.** (×)

043

미국조경가협회가 내린 **조경에 대한 정의** 중 **시대가 다른 것**은?

> **1975 새로운 정의**
> ① 조경은 실용성과 즐거움의 환경 조성에 목표를 둔다.
> ② 조경은 자원의 보전과 효율적 관리를 도모한다.
> ③ 조경은 문화 및 과학적 지식의 응용을 통하여 설계, 계획하고, 토지를 관리하며 자연 및 인공 요소를 구성하는 기술이다.

> **1909년 하버드대 조경학과 개설 / 미국조경협회창설**
> ④ 조경은 인간의 이용과 즐거움을 위하여 토지를 다루는 기술이다.

044

낮에 태양광 아래에서 본 물체의 색이 **밤에 실내 형광등 아래**에서 보니 달라보이는 현상!
▶ 메타메리즘

045

다음 중 **프랑스 베르사유 궁원의 수경시설**과 관련이 없는 것은?
① 아폴로 분수
② 물극장
③ 라토나 분수
④ 양어장

046

관상자로 하여금 **실제의 면적보다 넓고 길게 보이게 하는 수법**은?
▶ 통경선(通景線)

047

넓은 초원과 같이 **시야가 가리지 않고 멀리 터져 보이는 경관**을 무엇이라 하는가?
▶ 전경관

048

다음 중 **사절우(四節友)**(**매송국죽**)에 해당되지 **않는** 것은?

- 소나무
- 난초
- 국화
- 대나무

해 사군자 - 매난국죽

049

옥상 정원에 **관목류**를 심고자 한다. 이 때 **필요한 최소한의 토양 깊이**는?

① 10~20m
② 25~40cm
③ 45~60cm
④ 90~150cm

050

우리나라에서 **한국적 색채**가 농후한 **정원양식**이 확립되었다고 할 수 있는 때는?

① 통일신라
② 고려전기
③ 고려후기
④ 조선시대

기출스피드 문답 암기 핵심노트 Part 3

▣ 300제 Part 3

| 1 | 2 | 3 | 4 | 5 | 6 | 7 |

001

시멘트 풍화에 대한 설명으로 **옳지 않은 것**은?
가. 시멘트가 저장 중 공기와 접촉하여 공기중의 수분이 이탄화산소를 흡수하면서 나타나는 수화반응이다.
나. 풍화되면 밀도가 떨어진다.
다. 풍화는 고온다습한 경우 급속도로 진행된다.
라. 풍화한 시멘트는 강열감량이 감소한다.

002

다음 **목련류의 개화시기**가 **가장 늦은 수종**은?
▶ Magnolia Sieboldii K. Koch (산목련 함박꽃나무)

003

아까시나무는 **천근성**

004

환경과 인간의 환경에 대한 **시각선호도 관계**는?
▶ 환경 자극 - 지각 - 인지 - 태도

005

신라시대 사찰 중 **입지의 지형적 특성**이 다른 하나는?
• 홍륜사
• 황룡사
• 불국사
• 분황사

006

소나무에 많이 발생하는 **솔나방**의 구제에 **가장 효과적인 농약**은?
▶ 트리클로르폰수화제(디프록스)

007

검은점무늬병

암기 TIP! 검은 점무늬가 뿡뿡뿡 많다!

▶ 만코제브수화제(다이센엠45)

008

영국의 정형식 정원양식으로 **앙드레 몰레**가 설계한!

▶ 몬타큐트 정원

009

고려 예종 때 객관정원으로 행궁유구, 연못과 조경시설이 발견된 곳은?

▶ 혜음원지

010

열가소성수지로 두께가 얇은 시트를 만들어 **건축용 방수재**로 이용되며 **내화학성의 파이프**로도 활용되는 것은?

▶ 폴리스티렌수지 (polystyrene)

  (폴리에틸렌 (×), 폴리우레탄수지 (×))

011

디디티(DDT)와 유사한 화합물이지만 곤충에 대한 살충력은 없고 **응애류에게만 선택적 살비력**을 나타내는 약제는?

▶ 아바멕틴유제

012

참나리(알나리)(Lilium Lancifolium)의 특징으로 **옳지 않은 것**은?

① 백합과 식물, 숙근성 여러해살이 풀이며, 무피인(鱗)경
② 잎겨드랑이에 실눈이 달려, 비늘 조각으로 번식
③ 외래종으로 전국에 식재가능 (×)

  (중부 이남에서 자란다. 외래종 토종 모두 있다.)

013

슬래그를 분쇄한 것에 8~12% 소석회를 혼합하고 **물반죽**한 후 대기중에 **2~3개월 경화**시키거나 **고압증기 가마에 경화**시켜 만든 벽돌은?

▶ 광재벽돌

014

돌을 뜰 때 앞면, 뒷면, 길이 접촉부 등의 **치수를 지정해서 깨낸 돌**을 무엇이라 하는가?

▶ 견치돌

015

다음 중 **콘크리트에 발생**하는 **크리프가 큰 경우**가 아닌 것은?

① 작용 응력 클수록
② 재하재령 느릴수록
③ 물시멘트비 클수록
④ 부재 단면이 작을수록

★ 크리프란 구조물에 작용하고 있는 일정한 하중에 의해 시간의 흐름에 따라 변형률이 점진적으로 증가하는 현상을 말한다.

① 외부 힘에 대한 저항력 (작용응력)
② 타설 후 짧은 시간내에 하중을 가할수록 크리프 크다.
③ 물/시멘트 비율 클수록 크리프 크다.
④ 단면적 작을수록 크리프 크다.

016

크리프는
▶ 재하재령 빠를수록
▶ 작용 응력 클수록
▶ 물시멘트비 클수록
▶ 온도가 높을수록
▶ 단위 시멘트량 많을수록
▶ 다짐이 나쁠수록
▶ 습도 낮을수록
▶ 부재 치수(단면적) 작을수록

크다.

017

다음 화훼류 중 **알뿌리가 아닌 것**은?

① 칸나
② 스위트 앨리점
③ 튤립
④ 수선화

해
- 봄 : 수선화, 튤립, 히야신스, 크로커스, 무스카리
- 여름 : 글라디올러스, 칸나, 백합
- 가을 : 달리아(다알리아)

018

목질 재료의 특성으로 알맞은 것은?
① 무게가 무거운 편이다.
② 가공이 어렵다.
③ 재질이 부드럽고 촉감이 좋다.
④ 열전도율이 높다.

019

주택단지 정지계획(grading plan) 기본원칙

- 구조물 주변의 지반은 경사를 두어 배수문제에 도움을 준다.
- 경사 변경전에 모든 표토는 걷어내고 정리 후 식재지역에 활용한다.
- 비탈진 경사는 가급적 토양의 휴식각을 넘지 않아야 한다.

🔑 **정지계획**은 **대지경계선** 안에서부터 순차적 정리 (밖에서부터 (×))

020

콘크리트공사에서 **워커빌리티의 측정법**으로 **부적합한 것**은?
① 다짐계수시험
② 비비(Vee-Bee) 시험
③ 구관입시험
④ 표준관입시험 (×)

021

조경분야의 기능별 대상 구분 중 **위락관광시설**로 가장 적합한 것은?
▶ 골프장
(오피스빌딩정원 (×) 어린이공원 (×) 군립공원 (×))

022

조경계획·설계에서 **기초적인 자료의 수집과 정리** 및 여러 가지 **조건의 분석과 통합**을 실시하는 단계는?
① 목표 설정
② 현황분석 및 종합
③ 기본 계획
④ 실시 설계

기출

조경계획 순서
- 목표설정 – 현황분석 및 종합 – 기본구상 – 대안작성 – 기본계획
- 목표설정 – 현황분석 및 종합 – 기본구상 – 대안작성 – 기본계획

조경설계 순서
- 기본설계 – 실시설계

023

조경계획 수립과정을 순서별로 나열한 것은?
▶ 기본전제 - 자료수집(조사) - 분석 - 종합 - 기본구상 - 대안 - 기본계획

설계과정 중 **시설의 배치계획 및 공사별 개략설계**를 작성하여 사업 실시에 관한 각종 판단에 도움을 주기 위한 작업으로서 선행된 작업 내용을 구체적으로 부지에 결합시켜가는 단계와 관계되는 것은?
▶ 기본설계(master plan)

모든 종류의 **설계도, 상세도, 그리고 수량산출서, 일위대가표, 공사비, 시방서, 공정표**등의 서류가 작성되는 단계는?
▶ 실시설계

024

기본설계는 기본 계획을 바탕으로
▶ 구체적으로 시공하기 위해 도면을 작성하는 단계이다.

025

실시설계는
▶ 구조물의 상세설계와 세부설계를 하는 단계이다.

026

계획과정 상의 **피드백**을 가장 잘 설명한 것은?
▶ 공원 기본 계획 작성 도중 자료의 미비점이 나타나 재차 현장답사를 실시하였다.

027

조경계획 과정은 **조사분석 - 종합 - 발전과정**으로 구분한다. **발전 및 시행단계**에 해당하는 것은?
▶ 계획설계, 실시설계, 이용후 평가 (대안작성 평가 (×))

028

조경계획 과정 중 **종합 및 기본 구상단계**
① 계획 및 설계의 기본 골격을 구성하는 단계이다. (O)
② 토지 이용 및 동선을 중심으로 이루어진다. (O)
③ 추상적인 계획과 설계 목표가 구체적이고 물리적인 공간형태로 나타나는 중간 과정이다. (O)

029

조경 수목의 규격에 관한 설명으로 **옳은 것**은? (단, 괄호안의 영문은 기호를 의미한다)

① 수고 (W) : 지표면으로부터 수관의 하단부 까지의 수직높이

② **지하고 (BH) : 지표면에서 수관이 맨 아랫가 지 까지의 수직높이**

③ 흉고직경 (R) : 지표면 줄기의 굵기

④ 근원직경 (B) : 가슴 높이 정도의 줄기의 지름

030

가을에 그윽한 향기를 가진 **등황색 꽃**이 피는 수종은?

▶ **금목서**

031

조경수목은 식재지의 위치나 환경 조건 등에 따라 선택. **조경수목이 갖추어야 할 조건**?

- 그 땅의 토질에 잘 적응할 수 있는 것
- 쉽게 옮겨 심을 수 있을 것
- 착근이 잘되고 생장이 잘되는 것

  (희귀하여 가치가 있는 것 (×))

032

조경용으로 **벽돌, 도관, 타일, 기와** 등을 만드는 재료로 가장 적당한 것은?

▶ **점토**

(금속 (×) 플라스틱 (×) 시멘트 (×))

033

운반 거리가 먼 레미콘이나 **무더운 여름철** 콘크리트의 시공에 사용하는 혼화제는?

① 경화촉진제

② 감수제

③ 방수제

④ **지연제**

034

다음과 같은 특징을 갖는 시멘트는?

- 산 염류 해수 등의 **화학적 작용에 대한 저항성이 크고, 내화성이 우수 조기강도가 크다.**
- (재령 1일에 보통포틀랜드 시멘트의 재령 28 일 강도와 비슷)
- **한중 콘크리트에 적합**하다.

▶ 알루미나 시멘트

035

질감이 거칠어 큰 건물이나 서양식 건물에 가장 잘 어울리는 수종은?

▶ 버즘나무

(철쭉류 (×) 소나무 (×) 편백 (×))

036

자연석 무너짐 쌓기에 대한 설명으로 **부적합한 것**은?

① 돌과 돌이 맞물리는 곳에는 작은 돌을 끼워 넣지 않도록 한다.
② 크고 작은 돌이 서로 삼재미가 있도록 좌우로 놓아 나간다.
③ 제일 윗부분에 놓이는 돌은 돌의 윗부분이 수평이 되도록 놓는다.
④ 돌을 쌓은 단면의 중간이 볼록하게 나오는 것이 좋다. (×)

037

금속을 활용한 제품으로서 **철 금속 제품에 해당하지 않는 것**은?

① 철근, 강판
② 형강, 강관
③ 볼트, 너트
④ 도관, 가도관 〔나무의 수분통로(水管)〕

038

인공 폭포, 수목 보호판을 만드는데 주로 이용되는 제품은?

① 유리블록제품
② 식생호안블록
③ 콘크리트격자블록
④ 유리섬유강화플라스틱

해 유리섬유 강화플라스틱
: Fiberglass Reinforced Plastic
〈FRP〉

039

지주목 설치 요령 중 **적합하지 않은 것**은?

① 지상부의 지주는 페인트칠을 하는 것이 좋다.
② 통행인이 많은 곳은 삼발이형, 적은 곳은 사각지주와 삼각지주가 많이 설치된다.
③ 지주목을 묶어야 할 나무줄기 부위는 타이어 튜브나 마대 혹은 새끼 등의 완충재를 감는다.
④ 지주목의 아래는 뾰족하게 깎아서 땅속으로 30~50cm 정도의 깊이로 박는다.

해 통행이 많은 곳 : 사각지주, 삼각지주
통행이 적은 곳 : 삼발이형

040

돌쌓기 시공 상 유의해야 할 사항으로 **옳지 않은 것은?**

① 석재는 충분하게 수분을 흡수시켜서 사용해야 한다.
② 하루에 1~1.2m 이하로 찰쌓기를 하는 것이 좋다.
③ 돌쌓기 시 뒤채움을 잘하여야 한다.
④ 서로 이웃하는 상하층의 세로 줄눈을 연속하게 한다. (×)

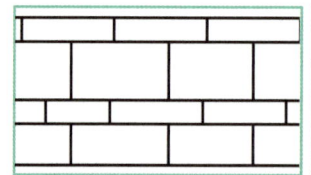

가로줄눈 (수평줄눈) 을 연속하게 한다.

041

지표면에서 높은 곳의 꼭대기 점을 연결한 선으로, **빗물이 이것을 경계로 좌우로 흐르게 되는 선**을 무엇이라 하는가?

▶ 능선

042

일반적인 **공사 수량 산출 방법**으로 가장 적합한 것은?

① 중복이 되지 않게 세분화 한다.
② 수직방향에서 수평방향으로 한다. (×)
③ 외부에서 내부로 한다. (×)
④ 작은 곳에서 큰 곳으로 한다. (×)

② 수평방향에서 수직방향으로
③ 내부에서 외부로
④ 큰 곳에서 작은 곳으로

043

가지가 굵어 이미 찢어진 경우에 도복 등의 위험을 방지하고자 하는 방법으로 가장 알맞은 것은?

▶ 쇠조임(당김줄설치)

044

건설장비 분류상 **배토정지용 기계**는?

▶ 모터그레이더

045

솔잎혹파리에는 먹좀벌을 방사시키면 방제효과가 있다. 이러한 방제법에 해당하는 것은?

▶ 생물적 방제법

046

평판측량의 3요소가 아닌 것은?

① 수평 맞추기 (정준)
② 중심 맞추기 (구심)
③ 방향 맞추기 (표정)
④ 수직 맞추기 (수준) (×)

047

퍼걸러(pergola) 설치 장소로
- 건물에 붙여 만들어진 테라스 위 OK
- 통경선의 끝 부분 OK
- 주택 정원의 구석진 곳 OK
- 주택 정원의 가운데 (×)

048

조경수목 중 **낙엽수류의 일반적인 뿌리돌림 시기**로 가장 알맞은 것은?

▶ 3월 중순~4월 상순

049

다음 설명의 (　)안에 적합한 것은?

> (　) 지질 지표면을 이루는 흙으로 유기물과 토양 미생물이 풍부한 유기물층과 용탈층 등을 포함한 표층 토양을 말한다.

① 표토
② 조류(algae)
③ 풍적토
④ 충적토

050

콘크리트 물 결합재비는 원칙적으로 60%이하이어야 한다.

051

콘크리트용 골재로서 요구되는 성질로 **틀린 것**은?

① 단단하고 치밀할 것
② 필요한 무게를 가질 것
③ 알의 모양은 둥글거나 입방체에 가까울 것
④ 골재의 낱알 크기가 균등하게 분포할 것

052

저온의 해를 받은 수목의 관리방법으로 **적당하지 않은 것**은?
① 멀칭
② 바람막이 설치
③ will-pruf(시들음 방지제) 살포
④ 강전정과 과다한 시비

053

일반적인 **가로수 식재 수종**의 설명으로 **부적합한 것**은?
① 대기오염에 저항력이 강하고 생장이 빠른 것이 적합하다.
② 도시 중심가의 경우 직간의 높이는 2~2.3m 이상의 지하고를 가진 것을 택한다.
③ 가지가 고르게 자리 잡아 어느 방향으로 보아도 정형적인 수형을 가진 것이 좋다.
④ 둥근 형태로 다듬어진 작은 수종이 적합하다. (×)

054

이종기생균이 **그 생활사를 완성하기 위하여 기주를 바꾸는 것을** 무엇이라고 하는가?
▶ 기주교대

055

하수도시설기준에 따른
▶ **오수관거 표준 최소관경은 200mm**

056

입찰계약 순서는?
▶ 입찰공고 → 현장설명 → 입찰 → 개찰 → 낙찰 → 계약

057

응애만을 죽이는 농약의 종류에 해당하는 것은?
▶ 살비제

058

건설공사의 마지막으로 행하는 작업은?
▶ 식재공사

059

서중 콘크리트는 1일 평균기온이 25°C를 초과하는 것이 예상되는 경우 시공한다.

060

조경관리 방식 중 **직영방식의 장점에 해당하지 않는 것**은?
① 긴급한 대응이 가능하다.
② 관리실태를 정확히 파악할 수 있다.
③ 애착심을 가지므로 관리효율의 향상을 꾀한다.
④ 규모가 큰 시설 등의 관리를 효율적으로 할 수 있다. (×)

기출스피드 문답 암기 핵심노트 Part 4

300제 Part 4

| 1 | 2 | 3 | 4 | 5 | 6 | 7 |

001

조경의 직무는 조경**설계**기술자, 조경**시공**기술자, 조경**관리**기술자로 크게 분류 할 수 있다. 그 중 **조경설계기술자의 직무내용**에 해당하는 것은?

① 병해충방제
② 조경묘목생산
③ 식재공사
④ 시공감리

002

부귀나 영화를 등지고 자연과 벗하며 농경하고 살기 위해 세운 주거지를 **별서(別墅)정원**이라 한다. 우리나라의 현존하는 대표적인 것은?

사대부 상류 주택정원
① 강릉의 선교장 (+논산 윤증고택)

② 윤선도의 부용동 원림

사대부 상류 주택정원
③ 구례의 운조루

중국 낙양팔경 당나라 정원유적
④ 이덕유의 평천산장

해 우리나라 지역별 별서정원

서울경기	충청
석파정	남간정사
성락원	옥류각
부암정	암서재
영남	호남
서식지 초간정 소한정 거연정	부용동 정원 다산초당 임대정 명옥헌 소쇄원

003

고대 그리스에서 아고라(agora)는 무엇인가?
▶ 광장

004

각종 기구(T자, 삼각자, 스케일 등)를 사용하여 설계자의 의사를 선, 기호, 문장 등으로 표시되어 전달하는 것은?
▶ 제도

005

"응접실이나 거실 쪽에 면하며, 주택정원의 중심이 되고, 가족의 구성단위나 취향에 따라 계획한다." 와 같은 목적 의 뜰은 주택정원의 어디에 해당하는가?
▶ 안뜰

006

군립공원은 자연공원에 포함된다.
(묘지공원 (×))

007

학교조경에 도입되는 수목을 선정할 때 조경수목의 생태적 특성 설명으로 옳은 것은?

① 구입하기 쉽고 병충해가 적고 관리하기가 쉬운 수목을 선정
② 교과서에서 나오는 수목이 선정되도록 하며, 학생들과 교직원들이 선호하는 수목을 선정
③ 학교 이미지 개선에 도움되며, 계절 변화를 느낄 수 있는 수목을 선정
④ 학교 위치 지역의 기후, 토양 등 환경 조건에 맞도록 수목을 선정

008

퇴적암의 종류에 속하지 않는 것은?
① 안산암
② 응회암
③ 역암
④ 사암

- **화안현섬** (화성암에는)
  안산암, **현**무암, **섬**록암
- **변편대사문** (변성암에는)
  편마암, **대**리암, **사**문암

009

건조된 소나무(적송)의 단위 중량에 가장 가까운 것은?

① 250kg/m³

② 360kg/m³

③ **590kg/m³**

④ 1100kg/m³

010

100cm×100cm×5cm 크기의 화강석 판적의 중량은? (단, 화강석의 비중 기준은 2.56ton/m³ 이다.)

① **128kg**

② 12.8kg

③ 195kg

④ 19.5kg

> 비중이 주어져 있으면 1m³ 단위 중량을 구하자!
>
> 100cm X 100cm X 5cm의 20배가 1m³
> 1m³ 기준 중량 2.56ton을 20으로 나누어 준다.
> 2.56 / 20 = 0.128ton = 128kg

011

가죽나무(가중나무)와 물푸레나무에 대한 설명으로 옳은 것은?

① 가죽나무와 물푸레나무 모두 물푸레나무과(科)이다.

② 잎 특성은 가죽나무는 복엽이고 물푸레나무는 단엽이다.

③ **열매 특성은 가죽나무와 물푸레나무 모두 날개 모양의 시과이다.**

④ 꽃 특성은 가죽나무와 물푸레나무 모두 한 꽃에 암술과 수술이 함께 있는 양성화이다.

🔑 ① **가죽나무는 소태나무과**이다.
   ② 잎 특성은 가중나무, 물푸레나무 모두 **복엽(마주나기)**
   ③ 열매 특성은 가죽나무와 물푸레나무 모두 날개 모양의 시과이다. (O)
   ④ **가중나무와 물푸레나무 모두 암수딴그루**

012

배수가 잘되지 않는 저습지대에 식재하려 할 경우 적합하지 않은 수종은?

① 메타세쿼이아

② **자작나무**

③ 오리나무

④ 능수버들

013

비금속재료의 특성에 관한 설명 중 **옳지 않은 것**은?

① 아연은 산 및 알칼리에 강하나 공기 중 및 수중에서는 내식성이 작다.
② 동은 상온의 건조공기 중에서 변화하지 않으나 습기가 있으면 광택을 소실하고 녹청색으로 된다.
③ 납은 비중이 크고 연질이며 전성, 연성이 풍부하다.
④ 알루미늄은 비중이 비교적 작고 연질이며 강도도 낮다.

해 ① 아연은 산 및 알칼리에 **약하고** 공기 중 및 수중에서는 내식성이 **크다**.

014

다음 중 **산성토양에서 잘 견디는 수종**은?

① 해송
② 단풍나무
③ 물푸레나무
④ 조팝나무

015

조경수목의 이용 목적으로 본 분류 중 수형이나 잎의 모양 및 색깔이 아름다운 **낙엽교목**이어야 하며, **다듬기 작업이 용이**해야 하고, **병충해 및 공해에 강한** 수목에 해당하는 것은?

① 가로수
② 방음수
③ 방풍수
④ 생울타리

016

다음 중 **색의 3속성**에 관한 설명으로 옳은 것은?

① 그레이 스케일(gray scale)은 채도의 기준척도로 사용된다.
② 감각에 따라 식별되는 색의 총명을 채도라고 한다.
③ 두 색상 중에서 빛의 반사율이 높은 쪽이 밝은 색이다. (○)
④ 색의 포화상태 즉, 강약을 말하는 것은 명도이다.

해 ① 그레이 스케일(gray scale)은 **명도** 기준척도로 사용된다.
② 감각에 따라 식별되는 색의 종명을 **색상(색채)라고 한다.**
④ 색의 포화상태 즉, 강약을 말하는 것은 **채도(포화도)**

017

무리 지어 나는 철새, 설경 또는 수면에 투영된 영상 등에서 느껴지는 경관은?
▶ 일시경관 (초점경관 (×))

018

주택단지 정원의 설계에 관한 사항으로 알맞은 것은?
① 건물 가까이에 상록성 교목을 식재한다.
② 단지의 외곽부에는 차폐 및 완충식재를 한다.
③ 녹지율은 50% 이상이 바람직하다.
④ 공간 효율을 높이기 위해 차도와 보도를 인접 및 교차 시킨다.

019

토양의 단면에 낙엽과 그 분해물질 등 대부분 유기물로 되어 있는 토양 고유의 층으로 L층, F층, H층으로 구성되어 있는 층은?
① Ao층
② B층
③ C층
④ A층

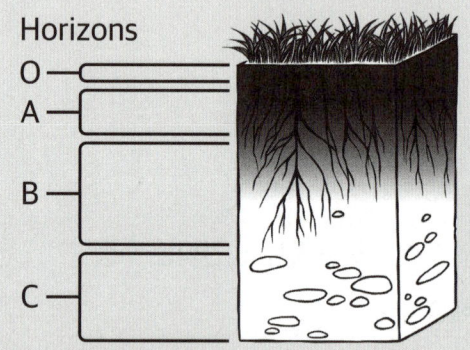

Ao층
L층 - 아직 썩지않은 낙엽 등 유기물 (낙엽층)
F층 - 썩었지만 조직식별가능 (분해층)
H층 - 썩어서 식별불가능 (부식층)

A층 - 유기물 + 광물질 혼합 표토층
B층 - 유기물이 적은 집적 하층토
C층 - 모재층(암석 풍화물)

020

고대 그리스에 체육 훈련을 하는 자리는?
▶ 짐나지움

021

조경양식에 대한 설명으로 **틀린 것은?**

① 조경양식에는 정형식, 자연식, 절충식 등이 있다.
② 자연식 조경은 동아시아에서 발달한 양식이며 자연 상태 그대로를 정원으로 조성한다.
③ 절충식 조경은 한 장소에 정형식과 자연식을 동시에 지니고 있는 조경양식이다.
④ **정형식 조경은 영국에서 처음 시작된 양식으로 비스타 축을 이용한 중앙 광로가 있다.**

> **정형식 조경**
> 서아시아, 유럽을 중심으로 발달
> ① **평면기하학식** : 축을 중심으로 대칭형 (프랑스)
> ② **노단식** : 경사지, 계단식 (이탈리아)
> ③ **중정식** : 건물로 둘러싸인 내부, 분수와 연못
> (스페인 정원)

022

형태는 **직전 또는 규칙적인 곡선**에 의해 구성되고 **축을 형성**하며 연못이나 화단 등의 각 부분에도 **대칭형**이 되는 조경 양식은?

① 자연식
② 풍경식
③ **정형식**
④ 절충식

023

제도용구로 사용되는 삼각자 한쌍 **(직각이등변 삼각형과 직각삼각형)**으로 작도할 수 있는 각도는?

① 65°
② 95°
③ **105°**
④ 125°

024

일본 정원의 발달순서가 올바르게 연결된 것은?

① 축산고산수식 → 다정식 → 임천식 → 회유식
② 회유식 → 임천식 -> 평정고산수식 → 축산고산수식
③ 다정식 → 회유식 → → 임천식 → 평정고산수식
④ **임천식 → 축산고산수식 → 평정고산수식 → 다정식**

025

다수의 대상이 존재할 때 **어느 색이 보다 쉽게 지각**되는지 또는 **쉽게 눈에 띄는지**의 정도를 나타내는 용어는?

▶ 유목성

026
옴스테드와 캘버트 보가 제시한 그린 스워드 (Greensward) 안의 내용이 아닌 것은?
① 넓고 쾌적한 마차 드라이브 코스
② 차음과 차폐를 위한 주변식재
③ 평면적 동선체계
④ 동적놀이를 위한 운동장

027
식별성이 높은 지형이나 시설을 지칭하는 말은?
▶ 랜드마크(landmark)

028
다음 중 일반적으로 생장속도가 가장 느린 것은?
① 네군도단풍
② 층층나무
③ 개나리
④ 비자나무

029
인공지반 조성 시 토양유실 및 배수기능이 저하되지 않도록 배수층과 토양층 사이에 여과와 분리를 위해 설치하는 것은?
① 자갈
② 모래
③ 토목섬유
④ 합성수지 배수관

030
겨울 화단에 식재하여 활용하기 가장 적합한 식물은?
① 팬지
② 메리골드
③ 달리아
④ 꽃양배추

031
다음 중 지피(地被)용으로 사용하기 가장 적합한 식물은?
① 맥문동
② 등나무
③ 으름덩굴
④ 멀꿀

032
다음 중 변성암 계통의 석재인 것은?
① 대리석
② 화강암
③ 화산암
④ 이판암

033

10월 경에 붉은 계열의 열매가 관상 대상이 되는 수종이 아닌 것은?
① 남천
② 산수유
③ 왕벚나무
④ 화살나무

034

다음 중 **심근성 수종이 아닌 것**은?
① 후박나무
② 백합나무
③ 자작나무
④ 전나무

035

다음 중 **줄기가 아래로 늘어지는 생김새**의 수간을 가진 나무의 모양을 무엇이라 하는가?
① 쌍간
② 다간
③ 직간
④ 현애

036

수목과 **열매의 색채**가 맞게 연결된 것은?
① 화살나무 - 청색계통
② 산딸나무 - 황색계통
③ 붉나무 - 검정색계통
④ 사철나무 - 적색계통

037

콘크리트 내구성에 영향을 주는 화학반응식
$Ca(OH)_2 + CO_2 \rightarrow CaCO_3 + H_2O \uparrow$ 의 현상은?
① 알칼리 골재 반응
② 동결융해현상
③ 콘크리트 중성화
④ 콘크리트 염해

038

참나무 시들음병에 대한 설명으로 **옳지 않은 것**은?
① 매개충의 암컷 등판에는 곰팡이를 넣는 균낭이 있다.
② 매개충은 광릉긴나무좀이다.
③ 피해목은 초가을에 모든 잎이 낙엽 된다.
④ 월동한 성충은 5월경 침입공을 빠져나와 새로운 나무를 가해한다.

해 겨울에도 잎이 떨어지지 않고 붙어있는 것이 특징이다.

기출스피드 문답 암기 핵심노트 Part 5

▣ 300제 Part 5

| 1 | | 2 | | 3 | | 4 | | 5 | | 6 | | 7 | |

001

통경선(Vistas)의 설명으로 가장 적합한 것은?
▶ 시점(視點)으로부터 부지의 끝부분까지 시선을 집중하도록 한 것이다.

002

상점의 간판에 세 가지의 조명을 동시에 비추어 **백색광**을 만들때 필요한 **3가지 기본 색광**은?
① 노랑(Y), 초록(G), 파랑(B)
② 빨강(R), 노랑(Y), 파랑(B)
③ 빨강(R), 노랑(Y), 초록(G)
④ 빨강(R), 초록(Gl), 파랑(B)

003

상점의 간판에 세 가지의 조명을 동시에 비추어 **백색광**을 만들때 필요한 **3가지 기본 색광**은?

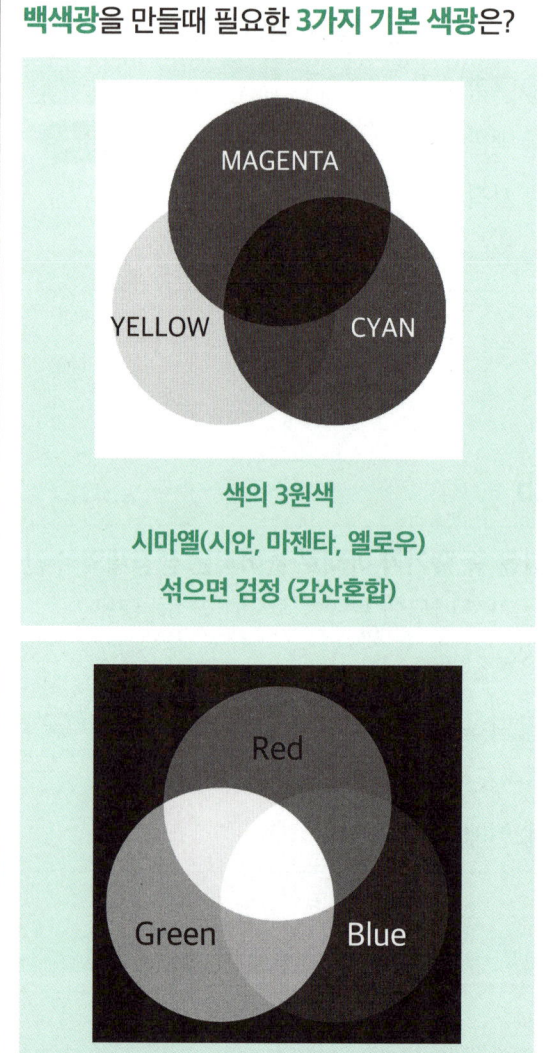

색의 3원색
시마옐(시안, 마젠타, 옐로우)
섞으면 검정 (감산혼합)

빛의 3원색
빨초파 (R·G·B 가산혼합)

004
섬유포화점은 **목재 중**에 있는 **수분이 어떤 상태**로 존재 하고 있는 것을 말하는가?
① 결합수만이 포함되어 있을 때
② 자유수만 (×)
③ 유리수만 (×)
④ 자유수와 결합수가 포화되어 있을 때 (×)

005
조경용 수목의 선정조건이 **아닌 것**은?
① 이식이 잘되는 수목
② 환경에 잘 적응하는 수목
③ 가격이 비싼 수목
④ 관상적 가치가 높은 수목

006
목재의 구조에는 **춘재와 추재**가 있는데 **추재(秋材)**를 바르게 설명한 것은?
① 세포는 막이 얇고 크다.
② 빛깔이 엷고 재질이 연하다.
③ 빛깔이 짙고 재질이 치밀하다.
④ 춘재보다 자람의 폭이 넓다.

007
은행나무 같이 열매의 과육을 **주물러 물로 씻은 후** 종자를 추출하는 방법은?
① 부숙법
② 타작법
③ 풍선법
④ 유궤법

008
스테레인레스강 이라고 하면 최소 몇 % 이상의 **크롬이 함유** 된 것을 말하는가?
① 4.5%
② 6.5%
③ 8.5%
④ 10.5%

009
연못가나 습지 등에 가장 잘 견디는 수목은?
① 낙우송
② 향나무
③ 해송
④ 가중나무

010

인공 식물 섬의 주요 구조가 아닌 것은?
① 부유틀 및 부유체
② 수상방책 및 부교
③ **배수판 및 방수판**
④ 수생식물 및 계류장치

011

다음 중 벌개미취의 꽃 색으로 가장 적합한 것은?
① 황색
② **연자주색**
③ 검정색
④ 황녹색

012

다음 수종들 중 단풍이 붉은색이 아닌 것은?
① 신나무
② 복자기
③ 화살나무
④ **고로쇠나무**

013

모래터에 심을 녹음수로 가장 적합한 나무는?
① 수양버들
② 가문비나무
③ **백합나무**
④ 낙우송

014

설계도면을 작성할 때 치수선, 치수보조선에 이용되는 선의 종류는?
① 파전
② 1점 쇄선
③ 2점 쇄전
④ **실선**

015

수목에 피해를 주는 병해 가운데 나무 전체에 발생하는 것은?
① 암종병, 가지마름병 등
② **시듦병, 세균성 연부병 등**
③ 붉은별무늬병, 갈색무늬병 등
④ 흰비단병, 근두암종병 등

016

습기가 많은 물가나 습원에서 생육하는 식물을 **수생식물**에 해당하지 않는 것은?

① 부처손, 구절초
② 갈대, 물억새
③ 부들, 생이가래
④ 고랭이, 미나리

017

벽돌쌓기 시공에서 **벽돌 벽을 하루에 쌓을 수 있는 최대 높이**는 몇 m 이하인가?

▶ 1.5m

018

조경용 **속효성 비료**에 대한 설명으로 **틀린 것**은?

① 대부분의 화학비료가 해당된다.
② 늦가을에서 이른 봄 사이에 준다.
③ 시비 후 5~7일 정도면 바로 비효가 나타난다.
④ 강우가 많은 지역과 잦은 시기에는 유실정도가 빠르다.

해 늦가을에서 이른 봄 사이 : 지효성비료

019

전정의 목적 설명으로 **옳지 않은 것**은?

① 미관에 중점을 두고 한다.
② 실용적인 면에 중점을 두고 한다.
③ 생리적인 면에 중점을 두고 한다.
④ 희귀한 수종의 번식에 중점을 두고 한다.

020

다음 중 **유충은 적색, 분홍색, 검은색**이며, **끈끈한 분비물**을 분비하며, 식물의 어린잎이나 새가지, 꽃봉오리에 붙어 **수액을 빨아먹어** 생육을 억제하며, **점착성분비물**을 배설하여 **그을음 병을 발생**시키는 해충으로 가장 적합한 것은?

① 진딧물
② 깍지벌레
③ 응애
④ 솜벌레

021

자연 상태에서 **굵은 가지를 전정하지 않는 것이 가장 좋은** 수종은?

① 능소화
② 매화나무
③ 배롱나무
④ 벚나무

022

우리나라에서 발생하는 수목의 **녹병** 중 **기주교대를 하지 않는 것**은?

① 소나무 잎녹병
② **후박나무 녹병**
③ 버드나무 잎녹병
④ 오리나무 잎녹병

023

마스터플랜(Master plan)이란?

① 수목 배식도이다.
② 실시설계이다.
③ **기본계획이다.**
④ 공사용 상세도이다.

024

정원에서 **간단한 눈가림 구실**을 할 수 있는 시설물은?

① 파고라
② **트렐리스**
③ 정자
④ 테라스

025

조경관리에서 **주민참가의 단계는 시민 권력의 단계, 형식참가의 단계, 비참가의 단계** 등으로 구분되는데 그 중 **시민권력의 단계**에 해당되지 **않는 것**은?

① 가치관리 (citizen controll)
② **유화 (placation)**
③ 권한 위양 (delegated power)
④ 파드너십 (partnership)

026

다음 그림과 같이 쌓는 벽돌 쌓기의 방법은?

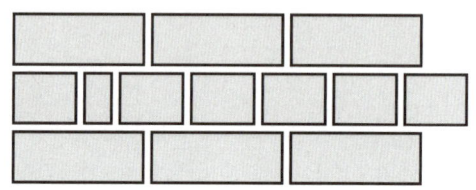

① 영롱 쌓기
② 미국식 쌓기
③ **영국식 쌓기**
④ 프랑스식 쌓기

해 길이방향 ⇨ 마구리방향 ⇨ 길이방향
번갈아가며 쌓는 방식은 영국식 쌓기
통줄눈이 생기지 않는 튼튼한 방식

027

조경수목에 유기질 거름을 주는 방법으로 틀린 것은?

① 거름을 주는 양은 식물의 종류와 크기, 기후와 토질, 생육기간에 따라 다르므로 자라는 상태를 보고 정한다.
② 거름 주는 시기는 낙엽이 진 후 땅이 얼기 전 늦가을에 실시하는 것이 가장 효과적이다.
③ 약간 덜 썩은 유기질 거름은 지속적으로 나무뿌리에 양분을 공급함으로 중간 정도 썩은 것을 사용한다.
④ 나무마다 거름 줄 위치를 정한 후 수관선을 따라 나비 20~30cm, 깊이 20~30cm 정도가 되도록 구덩이를 판다.

해 유기질 거름은 완전히 부숙된 것을 사용한다.

028

잔디 종자 파종작업 순서

암기 TIP! 경기정파 복전멀

▶ 경운 → 기비살포 → 정지작업 → 파종 → 복토 → 전압 → 멀칭

029

시방서 및 공사비 내역서 등을 주로 포함하고 있는 단계?

▶ 실시설계

030

설치비용은 비싸지만 열효율이 높고 투시성이 좋으며, 관리비도 싸서 안개지역, 터널 등의 장소에 설치하기 적합한 조명등은?

▶ 저압나트륨등

031

토양의 표토에 대한 설명으로 가장 부적합한 것은?

① 오랜 기간의 자연작용에 따라 만들어진 중요한 자산이다.
② 토양오염의 정화가 진행된다.
③ 토양미생물이나 식물의 뿌리 등이 활발히 활동하고 있다.
④ 우수(雨水)의 배수능력이 없다.

032

거름을 주는 목적이 아닌 것은?

① 조경 수목을 아름답게 유지하도록 한다.
② 병해충에 대한 저항력을 증진시킨다.
③ 열매 성숙을 돕고, 꽃을 아름답게 한다.
④ 토양 미생물의 번식을 억제시킨다.

033

그림과 같은 **비탈면 보호공의 공종은?**

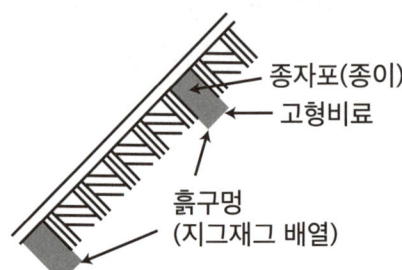

① 식생구멍공
② 식생자루공
③ 식생매트공
④ 줄떼심기공

034

예불기(예취기) 작업 시 **작업자 상호간의 최소 안전거리**는 몇 m 이상이 적합한가?

▶ 10m

035

조경에서 **제도 시 가장 많이 사용되는 제도용구**로 가장 부적당한 것은?

① 원형 템플릿
② 삼각 축척자
③ 콤파스
④ 나침반

036

도면 작업에서 **원의 반지름**을 표시할 때 기호는?

① ø
② D
③ R
④ △

해 R 반경(半徑, radius)

037

일본 고산수식 정원의 요소와 상징적인 의미가 바르게 연결된 것은?

① 나무 – 폭포
② 연못 – 바다
③ 왕모래 – 물
④ 바위 – 산봉우리

해 ① 나무 – 산봉우리
    ② 왕모래 – 바다
    ③ 왕모래 – 물
    ④ 바위 – 폭포

기출스피드 문답 암기 핵심노트 Part 6

▣ 300제 Part 6

| 1 | | 2 | | 3 | | 4 | | 5 | | 6 | | 7 | |

001

이탈리아 바로크 정원 양식의 특징이라 볼 수 없는 것은?

① 미원(maze)
② 토피아리
③ 다양한 물의 기교
④ 타일포장

- 초기 : 노단식 정원
- 후기 : 바로크식 정원(16C 말~18C)

◆ 바로크식 특징을 가진 이탈리아 정원
  감베라이아장, 알도브란디니장,
  이솔라벨라, 란셀로티장, 가르조니장

002

수로의 중정, 캐널 양끝에는 대리석으로 만든 **연꽃 모양의 분수반**이 있고 물은 이곳을 통해 캐널로 흐르게 만든 파티 오식 정원은?

▶ 헤네랄리페 궁원

003

조경을 프로젝트의 대상지별로 구분할 때 **문화재 주변 공간**에 해당되지 않는 곳은 어느 것인가?

① 궁궐
② 사찰
③ 유원지
④ 왕릉

004

다음 중 중국 4대 명원(四大 名園)에 포함되지 않는 것은?

① 졸정원
② 창랑정
③ 작원
④ 사자림

005

스페인의 코르도바를 중심으로 발달한 정원양식은?

① atrium
② peristylium
③ patio
④ court

006

다음과 같은 특징이 반영된 정원은?

- 지역마다 재료를 달리한 정원양식이 생겼다.
- 건물과 정원이 한 덩어리가 되는 형태로 발달했다.
- 기하학적인 무늬가 그려져 있는 원로가 있다.
- 조경수법이 대비에 중점을 두고있다.

▶ 중국정원

007

방화식재로 사용하기 적당한 수종으로 짝지어진 것은?

① 광나무, 식나무
② 피나무, 느릅나무
③ 태산목, 낙우송
④ 아카시아, 보리수

008

백제와 신라의 정원에 가장 영향을 주었던 사상은?

① 신선사상
② 풍수지리사상
③ 음양오행사상
④ 유교사상

009

다음 중 현대 조경에서 대형 수목의 이식이 가능하도록 가장 크게 영향을 미친 요인은?

▶ 건설기계의 발달

010

18세기 후반 낭만주의 사조와 함께 영국에서 성행하였던 정원양식은?

▶ 풍경식 정원

011

화성암의 심성암에 속하며 **흰색 또는 담회색**인 석재는?

① 화강암
② 안산암
③ 점판암
④ 대리석

012

이산화황에 견디는 힘이 **가장 강한** 수종은?

① 독일가문비
② 삼나무
③ 히말라야시다
④ 가시나무

- 공해에 강한 수종 : 플후까시 은사벽
- 공해에 약한 수종 : 삼소전자 느티독

013

조경재료 중 인조재료로 분류하기 **어려운 것**은?

① 슬레이트(slate)
② 태호석
③ 인조석
④ 우드칩(wood chip)

014

합판의 특징

① 수축·팽창의 변형이 적다. (O)
② 균일한 크기로 제작 가능하다. (O)
③ 균일한 강도를 얻을 수 있다. (O)
④ 내화성을 높일 수 있다. (×)

015

줄기가 아름다우며 **여름에 개화**하여 **꽃이 100여일 간다**는 나무는?

▶ 배롱나무

016

다음 중 연못가나 습지에서 가장 잘 견디는 수목은?

① 오리나무
② 향나무
③ 신갈나무
④ 자작나무

017

안료를 가하지 않아 목재 무늬를 아름답게 낼 수 있는 것은?
① 유성페인트
② 에나멜페인트
③ 클리어래커
④ 수성페인트

018

일반 벽돌쌓기 시 사용되는 우리나라 표준형 벽돌의 규격은? (단, 단위는 mm이다.)
① 190 × 90 × 57
② 200 × 90 × 571
③ 200 × 0 × 60
④ 210 × 100 × 60

- 표준형 : 190 x 90 x 57mm
- 일반형 : 210 x 100 x 60mm

019

- 꽃은 지난해에 형성되었다가 3월에 잎보다 먼저 총상꽃차례로 달린다.
- 물푸레나무과로 원산지는 한국이며, 세계적으로 1속 1종뿐이다.
- 열매의 모양이 둥근부채를 닮았다.

▶ 미선나무

020

나무줄기의 색채가 흰색계열이 아닌 수종은?
① 자작나무
② 모과나무
③ 분비나무
④ 서어나무

021

담금질을 한 강에 인성을 주기 위하여 변태점 이하의 적당한 온도에서 가열한 다음 냉각시키는 조작을 의미하는 것은?

▶ 뜨임질

- 불림 : 가열 후 대기중 냉각, 입자 미세화, 조직 균일화
- 풀림 : 가열 후 로내부 냉각, 부드럽게 연성 부여

022

"차량의 왕래가 빈번하여 많은 소음이 발생되는 곳에서 **소음을 차단**하거나 감소시키기 위하여 나무를 심어 녹지 공간을 만든다. **방음용** 수목으로는 잎이 치밀한 **상록교목**이 바람직하며, **지하고가 낮고 자동차의 배기가스**에 견디는 힘이 강한 것이 좋다."에 해당하는 기능을 가진 가장 적합한 수종으로만 구성된 것은?
① 산벚나무, 수국
② 꽃사과나무, 단풍나무
③ 은행나무, 느티나무
④ 녹나무, 아왜나무

023

다음 **돌의 가공방법**에 대한 설명으로 잘못된 것은?

① 혹두기 : 표면의 큰 돌출부분만 떼어 내는 정도의 다듬기
② 도드락다듬 : 혹두기한 면을 연마기나 숫돌로 매끈하게 갈아내는 다듬기
③ 정다듬 : 정으로 비교적 고르고 곱게 다듬는 정 도의 다듬기
④ 잔다듬 : 도드락 다듬면을 일정 방향이나 평행선으로 나란히 찍어 다음어 평탄하게 마무리하는 다듬기

> ② 도드락다듬 : 도드락망치로 더욱 평탄하게 다듬는 작업
> 혹 - 정 - 도 - 잔

024

다음 중 **양수**만으로 짝지어진 것은?
① 가시나무, 아왜나무
② 향나무, 가중나무
③ 회양목, 주목
④ 사철나무, 독일가문비나무

025

토공사에서 **터파기할 양이 100m³, 되메우기 양이 70m³** 일 때 실질적인 잔토처리량(m³)은? (단, L=1.1, C=0.8이다.)
① 24
② 30
③ 33

> 터파기양 100 - 되메우기양 70
> = 30
> 30 X 1.1 = 33

026

잔토 처리량 공식

- **모두 잔토 처리**
  잔토 처리량
  = 흙파기 체적 x 토량환산계수

- **되 메우기만 함**
  잔토 처리량
  = (흙파기 체적 - 되메우기 체적) x 토량환산계수

- **되 메우고 성토함**
  잔토 처리량
  = {흙파기 체적 - (되메우기 체적 + 성토체적)} x 토량환산계수 L

027

되메우기

- **되메우기 토량**
  = (터파기 체적 - 기초 구조부 체적)

- **흙다짐 시 되메우기 토량**
  = (터파기 체적 - 기초 구조부 체적)
  / 토량변화율 C

028

해충의 체(體) 표면에 **직접 살포**하거나 살포된 물체에 **해충이 접촉되어 약제가 체내에 침입**하여 독(毒) 작용을 일으키는 약제는?

① 유인제
② 접촉살충제
③ 소화중독제
④ 화학불임제

029

수목의 식재 시 해당 수목의 규격을 수고와 근원직경으로 표시하는 것은?

① 현사시나무
② 목련
③ 자작나무
④ 은행나무

030

소나무나 오엽송 등의 **높은 위치에 가지를 전정하거나 열매를 채취**할 경우 사용하는 전정가위는?

① 조형 전정가위
② 대형 전정가위
③ 순치기 가위
④ 갈쿠리 전정가위(고지가위)

031

$1m^3$ 토량에 대한 운반 품셈은 0.2인으로 할 때 2인의 인부가 $100m^3$ 흙을 운반하려면 며칠이 필요한가?

① 5일
② 10일
③ 40일
④ 50일

> 1인 하루 작업량은 $5m^3$
> 2인 하루 작업량은 $10m^3$
> $100m^3$는 2인이 10일

032

대추나무 빗자루병에 대한 설명으로 **틀린** 것은?

① 마름무늬매미충에 의하여 매개 전염된다.
② 각종 상처, 기공 등의 자연개구를 통하여 침입한다.
③ 잔가지와 황록색의 아주 작은 잎이 밀생하고, 꽃봉오리가 잎으로 변화된다.
④ 전염된 나무는 옥시테트라사이클린 항생제를 수간주입 한다.

해 뿌리나 가지끝에서 영양분을 흡수하면서 발병 (양분 이동통로를 통해 침입)

033

콘크리트 **혼화제** 중 **내구성 및 워커빌리티**(workability)를 향상시키는 것은?

① 감수제
② 경화촉진제
③ 지연제
④ 방수제

034

다음 중 정원수 전정 시 맹아력이 가장 강한 것은?

① 쥐똥나무
② 비자나무
③ 칠엽수
④ 백송

035

다음 중 **시설물의 사용연수**로 가장 **부적합**한 것은?

① 철재 시소 : 10년
② 목재 벤치 : 7년
③ 철재 파고라 : 40년
④ 원로의 모래자갈 포장 : 10년

해 철재 파고라 : 20년

036

비탈면 경사의 표시에서 1:2.5 에서 2.5는 무엇을 뜻하는가?

① 수직고
② 수평거리
③ 경사면의 길이
④ 안식각

해 직 : 평 (수직거리 : 수평거리)

037

표면 배수 시 **빗물받이는 몇 m마다** 설치하는가?

① 1~10m
② 20~30m
③ 40~50m
④ 60~70m

038

골담초에 대한 설명으로 틀린 것은?

① 콩과(科) 식물이다.
② 꽃은 5월에 피고 단생한다.
③ 생장이 느리고 덩이뿌리로 위로 자란다.
④ 비옥한 사질양토에서 잘 자라고 토박지에서도 잘 자란다.

039

콘크리트 슬럼프시험에 대한 설명 가운데 옳지 않은 것은?

① 반죽질기를 측정하는 것이다.
② 슬럼프 값이 높은 수치일수록 좋은 것이다.
③ 슬럼프 값의 단위는 cm이다.
④ 콘크리트 치기작업의 난이도를 판단할 수 있다.

해 슬럼프값(반죽질기)이 너무 높으면 재료분리가 심해지고 강도가 떨어진다.

040

설계도면에서 특별히 정한 바가 없는 경우에는 옹벽 찰쌓기를 할 때 배수구는 PVC관(경질염화 비닐관)을 3m³당 몇 개가 적당한가?

① 1개
② 2개
③ 3개
④ 4개

041

다음 수목의 외과 수술용 재료 중 동공 충전물의 재료로 가장 부적합한 것은?

① 에폭시 수지
② 불포화 폴리에스테르 수지
③ 우레탄 고무
④ 콜타르

해 콜타르는 30도씨 이상에서는 액체상태로 존재하므로 부적당

042

공원 내에 설치된 목재벤치 좌판(座板)의 도장보수는 보통 얼마 주기로 실시하는 것이 좋은가?

① 계절이 바뀔 때
② 6개월
③ 매년
④ 2~3년

043

다음 중 소나무류를 가해하는 해충이 아닌 것은?

① 솔나방
② 미국흰불나방
③ 소나무좀
④ 솔잎혹파리

044

잔디의 병해 중 **녹병**의 방제약으로 옳은 것은?

① 만코제브(수)
② 테부코나졸(유)
③ 에마멕틴벤조에이트(유)
④ 글루포시네이트암모늄(액)

045

잔디의 뗏밥주기에 대한 설명으로 **틀린 것**은?

① 토양은 기존의 잔디밭의 토양과 같은 것을 5mm 체로 쳐서 사용한다.
② 일시에 많이 주는 것이 효과적이다.
③ 난지형 잔디의 경우 생육이 왕성한 6~8월에 준다.
④ 잔디포장 전면에 골고루 뿌리고, 레이크로 긁어준다.

해 뗏밥주기는 조금씩 자주 해주는 것이 좋다.

046

관수공사에 대한 설명으로 **가장 부적당**한 것은?

① 관수방법은 지표 관개법, 살수 관개법, 낙수식 관개법으로 나눌 수 있다.
② 살수 관개법은 설치비가 많이 들지만, 관수 효과가 높다.
③ 수압에 의해 작동하는 회전식은 360°까지 임의 조절이 가능하다.
④ 회전 장치가 수압에 의해 지상 10cm로 상승 또는 하강하는 팝업(pop-up) 살수기는 평소 시각적으로 불량하다.

**교육컨텐츠 기업 (주) 엔제이인사이트
파이팅혼공TV 컨텐츠 개발팀**

| 저서

- 파이팅혼공TV 위험물기능사 실기 초단기합격
- 파이팅혼공TV 위험물기능사 필기 초단기합격
- 파이팅혼공TV 위험물산업기사 실기 초단기합격
- 파이팅혼공TV 위험물산업기사 필기 초단기합격
- 파이팅혼공TV 전기기능사 필기 초단기합격
- 파이팅혼공TV 조경기능사 필기 초단기합격
- 파이팅혼공TV 산림기능사 필기 초단기합격
- 파이팅혼공TV 지게차 운전기능사 필기 한방에 정리
- 파이팅혼공TV 굴착기 운전기능사 필기 한방에 정리
- 파이팅혼공TV 한식조리기능사 필기 한방에 정리

2026 유튜버 파이팅혼공TV 초단기 합격시리즈
조경기능사 필기

발행일 2026년 1월 5일
발행인 조순자
발행처 인성재단(지식오름)
편저자 교육컨텐츠 기업 (주) 엔제이인사이트 · 파이팅혼공TV 컨텐츠 개발팀
편집디자인 권희정

※ 낙장이나 파본은 교환해 드립니다.
※ 이 책의 무단 전제 또는 복제행위는 저작권법 제136조에 의거하여 처벌을 받게 됩니다.

정가 33,000원 | **ISBN** 979-11-7491-023-3